ROAST BEEF

名廚烤牛肉

—— 極 致 技 術 & 菜 單 ——

瑞昇文化

Contents

味道千變萬化！
烤牛肉醬汁········· 142

『Les Sens 』負責人兼主廚　渡邊健善

閱讀本書之前

書中記載之材料與作法，皆按照各店家的料理方式。

一大匙＝ 15ml，一小匙＝ 5ml，一杯＝ 200ml。作法中的分量之處若記載為「適量」，則需一邊觀察料理的樣子，邊決定分量及味道。

作法中的加熱時間、加熱溫度等，是在使用了各店家所用機器之情況下，所得到的數據。

書中記載的價格為 2016 年 5 月時的價格。另外，亦有店家推出之期間限定料理、非常態供應料理，請向各店家確認。

第 148 頁起記載之各店營業時間、公休日等，為 2016 年 5 月時的店家資訊。

本書記載之料理如為內用之情況，餐具、器皿、擺飾等可能會有所差異。

承襲傳統技術的

『東京會館』
烤牛肉

常務董事 料理本部長
外山勇雄

『東京會館』創業於大正 11 年 (1922 年)，以格調高雅的宴會廳與法國料理款待外國元首以及外賓。有法式家常洋酒蒸舌鰨魚排、香煎麵包捲菲力牛佐肥肝醬等代表性料理，烤牛肉亦為其招牌料理之一。

烤牛肉為牛肉料理的代表之一。烤牛肉不僅出現於一般的菜單上，作為宴會料理時也具有超高人氣。透過在客人的面前表演切烤牛肉，便可將鮮美多汁的牛肉以及款待的心意直接傳達給客人，是一道極具魅力的牛肉料理。

烤牛肉所使用的部位為牛肋眼肉。切成大方塊狀的牛肉經過費時的烘烤後，使斷面形成帶著血紅色澤的一分熟，這正是烤牛肉的技術所在。近年來，開始使用蒸氣旋風式烤箱來烘烤牛肉，此種烤箱可設定肉品的內部溫度，使烤箱的溫度上升至設定的溫度。不過，『東京會館』則是使用一般的烤箱來烤牛肉。而且，『東京會館』使用的烤箱並未附溫度計，所以烤牛肉時必須不停地查看牛肉的狀態，並且根據肉質以及牛肉大小來調整烤箱的溫度、時間以及靜置烤牛肉的時間，有了這些經驗才能使一道最上品的烤牛肉出爐。此外，若想要烤出恰到好處的牛肉，牛肉的事前處理也是一大功夫。

烤牛肉所搭配的醬汁，一般是以牛肉精華為主體的肉汁醬（Gravy），並且再添加上西洋山葵泥。『東京會館』的肉汁醬不添加蔬菜，耗時一星期才完成晶瑩剔透的肉汁醬。而且，製作西洋山葵泥時也多了一道手續。

照片中的擺飾採用傳統風格，選擇以約克夏烤布丁作為搭配，而『東京會館』則是擺上五～六種的蔬菜或香草。珍惜著傳統技藝的同時，亦考慮到現代顧客所追求的美味及健康，而設計出此菜單。

烤牛肉的調理四奧義

1 牛肉的事前處理

2 烤牛肉的烹調方式

3 清澈的肉汁醬

4 多一道手續的西洋山葵泥

牛肉（肋眼肉）的事前處理

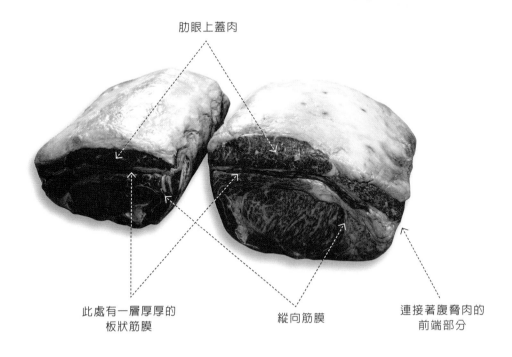

肋眼上蓋肉

此處有一層厚厚的
板狀筋膜

縱向筋膜

連接著腹脅肉的
前端部分

根據料理供應的用途，決定牛肉的大小

　　買來的大塊牛肋眼肉並不能夠立刻烘烤，而是要放入冰箱內五～六天，使之熟成。所以，在烤牛肉之前得先將牛肉從冰箱裡拿出來退冰，不會直接將冰冷的牛肉拿來料理。而牛肉放置於常溫底下的時間，則會隨季節更替而不同。

　　在塊狀的肋眼牛肉上方，連接著一塊稱為「肋眼上蓋肉」的肉。平時在餐廳坐下來享用的烤牛肉，如果未將這個部分的肉切除就直接烘烤，牛肉就會過於大塊而超出器皿；而且，因為烤牛肉時會先切除肋眼上蓋肉底下的筋膜，形成了只剩肋眼上蓋肉在最上方，如此一來，肋眼上蓋肉便會在切肉時晃動，在客人面前進行切肉表演時的效果就不是那麼好。因此，一般的烤牛肉餐點便會切除「肋眼上蓋肉」，再將這塊肉使用到其他的料理中。肋眼牛肉中間有一層很硬的筋膜，因此切除筋膜的這項事前處理也很重要。

　　在宴會上，斷面看起來可口又大塊的牛肉則較受歡迎，因此會連同肋眼上蓋肉一起烘烤。切成薄片後的烤牛肉還會再切成小塊才提供給客人，所以就算肋眼上蓋肉在牛肉切片之後剝落也無大礙。

①

以牛肋眼肉的斷面處可見的縱向筋膜為分界,並根據料理的用途來決定肉塊的大小,切除前端部分的牛肉。若為餐廳坐著享用的烤牛肉,一般都會留下從縱向筋膜算起約一根手指寬的前端部分,其餘的部分切除。而作為宴會料理的烤牛肉,則會希望能夠保有一定的大小,所以留下約兩個指幅寬的前端部分。

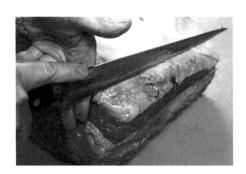

②

大致抓好牛肉塊的大小之後,再從上方的脂肪部份下刀,切除前端的部分。而切下來的牛肉,則當成製作肉汁醬的材料。

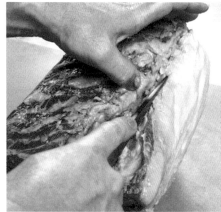

取下中間的硬筋膜

③

由於牛肋眼肉與肋眼上蓋肉的交界處附近有一片很硬的板狀筋膜,所以要使用料理刀將這片筋膜切除。作為宴會料理的烤牛肉可以不用切掉肋眼上蓋肉,但在餐廳坐著享用的烤牛肉就會切除掉肋眼上蓋肉。

如何烹調烤牛肉

材料

事先處理好的牛肋眼肉

粗鹽…… 適量

胡椒…… 適量

為各位介紹『東京會館』不使用蔬菜的烤牛肉烹調方法。由於要烹調的牛肋眼肉很大塊，因此烹調的重點正是將牛肉維持一致的厚度，使爐火能夠均勻穿透肉塊。

蓋上切下來的肉片，使肉塊的厚度一致

(1)

事前處理好的肋眼牛肉塊的厚度並不一致。可以將切下來的肉塊放在厚度較薄的部分上面，使牛肉塊的厚度統一。如此一來，爐火便能夠均勻穿透肉塊。

(2)

為了避免牛肉塊崩塌變形，所以會使用棉繩將牛肉塊從旁邊開始綑綁。由於考慮到肉品加熱之後會收縮，因此要將棉繩牢牢地綁緊。即使切掉肋眼上蓋肉也一樣，要將肋眼上蓋肉上方形成的層狀脂肪蓋在牛肉塊上並且綁緊，這也是烤牛肉時的一大重點。藉由蓋上牛肉脂肪，可使出爐的烤牛肉更鮮嫩多汁。

用金屬串檢查可否出爐，
讓烤牛肉靜置

③

在綁好的牛肉上撒上滿滿的粗鹽及胡椒，並用手搓抹肉塊。將脂肪的那一面朝上，把牛肉塊放上鐵板，烤箱設定 230℃，烘烤三十分鐘後將溫度降至 120℃，再烤兩個小時半左右。每隔三十分鐘在鐵板上倒入約 50ml 的水，可避免肉質變得乾澀。

④

烤箱的時間到了並不代表完成，要先把金屬串插進肉塊，再將金屬串抵在下嘴唇看看狀況，做出最後的判斷。先將金屬串浸泡在水裡，使之冷卻，再深深地插進肉塊。拔出金屬串，並將插進肉塊中心的部分抵在下嘴唇以測試溫度。從烤箱取出牛肉之後，放置於溫暖處的一個小時內尚會有餘溫持續導熱，所以測試溫度時要考慮到這點之後再調整烤牛肉的出爐時間，看這樣的烘烤程度是否恰好，或是得再放進烤箱裡加熱。從烤箱取出烤牛肉之後，要將牛肉靜置於溫暖之處約一個鐘頭，肉汁就會佈滿整塊牛肉，使牛肉鮮嫩多汁。

 5

把靜置後的牛肉移到砧板上，進行拆繩以及塑形的作業。留下吸滿肉汁的棉繩，於製作肉汁醬時使用。

 6

先移除蓋在肉塊上方的脂肪。如果是餐廳用的烤牛肉，此時要切掉肋眼上蓋肉；而若是要宴會上端出大片的牛肉，那就要留下肋眼上蓋肉的部分。

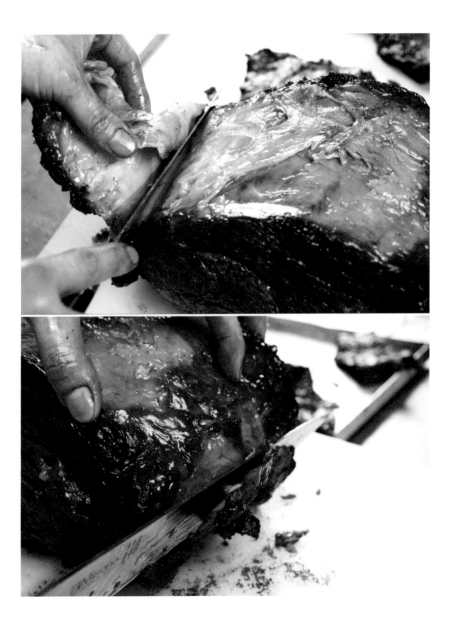

⑦

切掉牛肉邊的烤焦部分、脂肪部分。將烤牛肉放上專用的保溫餐車。

⑧

依點餐內容將牛肉切成薄片,再盛裝到餐盤上。一人份的烤牛肉餐點會有兩片牛肉,這是『東京會館』的風格。

肉汁醬（Gravy）

材料

殘留於鐵板上的烤牛肉湯汁
烤牛肉的邊緣碎肉
處理肋眼肉時所切下的筋膜、油脂
烤牛肉時用過的棉繩
熱水…… 適量
鹽巴…… 適量
胡椒…… 適量

烤牛肉所搭配的醬汁，最常見的就是肉汁醬。『東京會館』的肉汁醬未使用蔬菜，僅使用鐵板上殘留的烤牛肉汁、處理牛肉時所切下的邊緣碎肉，耗時一個星期熬煮出濃縮了牛肉鮮甜的肉汁醬。單單使用從烤牛肉的肉塊切下的邊緣碎肉或筋膜，並不足以製成肉汁醬，所以還會另外加上特別用來製作肉汁醬的邊緣碎肉及牛筋，投入大量的心力及成本製作出晶瑩剔透的頂級肉汁醬。

②
把熱水倒在烤牛肉時所用的鐵板上並且加熱。用鍋鏟刮下黏附在鐵板上的肉汁，一邊使肉汁溶於熱水。因為使用於綑綁牛肉的棉繩吸滿了肉汁，所以也一併放進來煮。

①
將牛肉塑形時切下的邊緣碎肉、事前處理牛肉塊時切下邊緣碎肉及筋膜放進平底鍋裡面拌炒，逼出多餘的油脂。拌炒之後將材料移到湯鍋，並注入熱水。

耗時一星期製成的
肉汁醬

鹽巴的分量
可以稍微多一點

5

圖為反覆進行一星期的炒肉及燉煮作業後的肉汁醬。如圖片所示,冷藏之後會形成凍狀的肉汁醬,晶瑩剔透的醬汁富含膠質且濃縮了牛肉的鮮美精華。再以鹽巴及胡椒來完成調味。雖然會先將牛肋眼肉撒上鹽巴後再下鍋煎烤,不過鹽味並不會進到牛肉裡面。所以,在試肉汁醬的味道時可以加多一點的鹽巴,這樣淋在烤牛肉時,吃起來的味道就會剛剛好。

3

將牛肉的鮮味煮出來後便取出棉繩,並且倒入步驟1的湯鍋裡。加熱湯鍋,再煮一段時間。用大火加熱的話會讓湯汁變混濁,因此要控制好火候。經過一天的燉煮,等到肉汁的鮮味都煮出來後以篩網過濾,除淨浮在表面的油脂後便可放入冰箱冷藏。

4

以下是翌日的作業。將肋眼肉塑形時切下的邊緣肉片、筋膜放進平底鍋,以大火快炒使牛肉上色,再將炒好的肉放到前一天步驟3煮好的湯鍋裡燉煮。等到鮮味煮出來之後以篩網過濾,除淨浮在表面的油脂後便可放入冰箱冷藏。隔天也進行同樣作業,將步驟4反覆進行一星期。燉煮時要時時刻刻注意火候的大小,以免湯汁變混濁。

西洋山葵醬（辣根醬）

　　西洋山葵醬並不是磨成泥之後就擺盤上桌，而是要再加上一道工序，讓西洋山葵醬與烤牛肉更加絕配。

　　首先，要先將辣根磨成粗粒狀，再將辣根泥平鋪於砧板上，加上少許的醋及砂糖之後，以菜刀一邊混合，一邊剁成細緻的泥狀。這樣做成的西洋山葵醬的辛辣感會變得柔和，能夠使烤牛肉的鮮味更加明顯，並達到解除油膩的效果。

您可以在此品嚐『東京會館』的烤牛肉

東京會館 Restaurant ROSSINI

地址　東京都千代田区内幸町 2-2-2　富国生命ビル 1 階
電話　03-3215-2123
營業時間　11 點〜 22 點（最後點餐時間為 21 點 30 分）
公休日　星期六、日、國定假日
https://www.kaikan.co.jp/branch/fukoku/restaurant/rossini/index.html

人氣名店的
烤牛肉與
烤牛肉料理

烤牛肉的加熱方式解說

烤箱

| 平底鍋 | → | 烤箱 |

| 煙燻 | → | 烤箱 |

蒸氣式烤箱（熱風模式）

| 平底鍋 | → | 蒸氣式烤箱（熱風模式） |

| 真空包裝＋蒸氣式烤箱（熱風模式） | → | 平底鍋 |

| 平底鍋 | → | 真空包裝＋蒸氣式烤箱（蒸氣模式） |

| 真空包裝＋隔水加熱 | → | 平底鍋 | → | **烤箱** |

| 平底鍋 | → | 真空包裝＋隔水加熱 |

| 真空包裝＋恆溫加熱水槽 | → | 平底鍋 |

| 真空包裝＋恆溫加熱水槽 | → | 稻稈燒 |

| 大火水煮 | → | 平底鍋 |

| 油泡 | → | 平底鍋 |

| 鐵板 |

食譜所記載的醬汁列表

＊ ESPUMA 是一種源自於西班牙的新型料理法，利用氮氣化物或二氧化碳製作出的鮮奶油泡沫。

1

貪吃鬼山中

『烤牛肉』

「以高溫烘烤牛肉且每四分鐘即翻一次面。
這正是以傳統技法所製作出的
正統派烤牛肉」

「烤牛肉取決於肉」——十分肯定地如此表示的山中先生，是專注於近江牛肉已四十年的經驗老道的主廚。從信賴的農家購入牛肉，將牛肉放進點火式的大型瓦斯烤爐當中，以約 300℃的溫度烤牛肉。由於烘烤的溫度很高，因此必須選用 1kg 以上的肉塊。將牛肉、調味蔬菜及近江牛油一同烘烤，每隔四分鐘把流出的肉汁淋在肉塊上，以免牛肉變乾。將金屬串插入牛肉數秒，再將金屬串抵在嘴唇來確認燒烤的狀況。「在以前，這項技術是必備的能力，而如今這已經是很少見的方法囉」。完成後的烤牛肉呈現鮮豔的紅豆色肉汁，具有非常迷人的魅力。

醬汁是以濃縮的肉汁製作而成，山中主廚表示「只有美味的肉才能得到美味的肉汁醬」。由一流的廚師靈活運用一流的素材，創造出極品中的絕品。

負責人兼主廚

山中康司
YASUSHI YAMANAKA

1949 年出生於京都市。於滋賀縣八日市市的牛排館累積兩年半的經驗後，1976年自立門戶創業。此後的四十年來秉持著「散播出真正的味道」，講究地只使用從八個月大的小牛飼育至三十個月大的未經產近江牛，專心致力於肉類料理，使全國的饕客讚嘆不絕。

ROAST BEEF INFO

價格：1kg 50000 日圓起（未稅，需預約）
牛肉：近江牛肋眼肉
加熱方式：平底鍋加熱→烤箱
醬汁：肉汁醬

紅豆色的斷面正是近江牛的證明

烤牛肉

材料

烤牛肉

近江牛肋眼肉⋯⋯ 約 2kg（照片為 1880g）

鹽巴⋯⋯ 牛肉重量的 2%

白胡椒⋯⋯ 適量

調味蔬菜（紅蘿蔔、西洋芹、洋蔥、蒔蘿、巴西利梗）

　　⋯⋯ 可鋪滿烤盤的量

大蒜（片）⋯⋯ 3～4 瓣

月桂葉⋯⋯ 5～6 枚

牛油⋯⋯ 湯杓 1～2 杓

盛盤（1 盤份）

烤牛肉⋯⋯ 薄片 1 片

蠶豆、甜豆、油菜花⋯⋯ 各 2 個

水芹⋯⋯ 1 根

辣根（磨泥後與萊姆汁混合）⋯⋯ 適量

肉汁醬（P25）⋯⋯ 適量

撒滿鹽巴、白胡椒

1

以棉繩綑綁已回溫的近江牛肋眼肉。

Check

這裡所使用的牛肉，是以鈴鹿山系的湧泉等資源，將八個月大的但馬牛飼育至三十個月大的未經產近江牛。自然的大理石紋油花以及帶有紅豆色的斷面，是近江牛肉的特徵。

2

在牛肉的各個表面上，撒滿牛肉重量 2% 的鹽巴、胡椒粉。

Check

使用白胡椒是為了讓牛肉烤出漂亮的顏色。將鹽分提高到 2.5% 可使味道更加入味，但使用了煎烤後的肉汁所製成的肉汁醬就會過鹹，因此使用 2% 即可。

3

以牛油快炒調味蔬菜，讓調味蔬菜都沾上牛油即可。

以平底鍋將牛肉表面煎烤至定型

Check

4

把牛油及大蒜片放入平底鍋中拌炒，僅煎烤牛肉表面。

Check

煎烤的目的並不是要使牛肉上色，所以表面定型之後即可。

使用烤箱烘烤

Check

5

把調味蔬菜鋪在烤盤上，再擺上牛肉、步驟 4 的大蒜片、牛油、月桂葉。

Check

把同樣取自於近江牛的牛油放在牛肉上面。用意要是將牛肉上塗層，避免直接接觸火源而過度烘烤。

6

放入約 300°C的烤箱內。每四分鐘取
出一次,並把流到烤盤上的湯汁淋在
牛肉上,再將牛肉翻面。

Check

在 300°C的高溫之下不斷地一邊淋湯汁一邊加
熱,此步驟的目的與步驟 5 中的牛油所扮演
的作用相同,都是為了避免牛肉表面過乾。

Check

Check

7

從第三、四次淋湯汁起即可將金屬串
插進牛肉,並以嘴唇確認牛肉中心的
溫度。

Check

把金屬串插進兩、三處厚度不一的地方並等待
數秒,便可知道牛肉是否有均勻受熱。

靜置於常溫底下

8

當第五、六次淋湯汁時，若牛肉中心的溫度與體溫相同或稍微偏高，即可取出牛肉。將牛肉移到另一個烤盤上，靜置於常溫底下，直到肉汁都回流至肉塊裡面。

Check

大約要烤到重量減少10%。由於取出牛肉後，肉汁便會馬上開始流出來，因此要讓牛肉靜置，直到肉汁都回流肉塊裡面。靜置時間要根據牛肉的大小來決定，如為2kg左右的牛肉則要靜置15分鐘以上。

Check

SAUCE RECIPE

肉汁醬

材料
烤牛肉時的湯汁（參考左邊的步驟8）…… 適量
牛肉蔬菜高湯…… 適量
小牛高湯…… 適量
鹽巴…… 適量

作法
1 把牛肉蔬菜高湯倒在烤過牛肉的烤盤（a）上，並刮下烤盤內側的肉汁。
2 過濾後冷卻。
3 去除凝固的油脂，將湯汁燉煮到原本量的1/4。
4 加上相同分量的小牛高湯，再以鹽巴調味（b）。

a

b

修飾、完成

9

在上菜之前，將牛肉切成厚度約7～8mm的片狀，並去除外露的血管。

Check

一邊切肉，一邊去除外露的血管。

10

將一枚肉片平鋪於盤子上，再擺上稍微汆燙過的當季蔬菜、水芹、西洋山葵泥。將再次加熱後的肉汁醬放入佐料盅裡即可上菜。

2 尾崎牛燒肉 銀座 HIMUKA
『烤牛肉蓋飯』

「使用了被稱為日本第一的尾崎牛，將牛肉瘦肉的絕妙鮮味製成烤牛肉蓋飯」

在每個月僅出產三十頭的黑毛和牛之中，宮崎的尾崎牛被稱為擄獲了美食家的牛。牛肉的美味在於油脂，而油脂的味道取決於水源、飼料與環境，因此尾崎牛是在無壓力的環境之下，以自然的湧泉水源及自製配合飼料所孕育出的牛隻。銀座 HIMUKA 作為尾崎牛的燒肉專門店，每日提供十五份午餐限定的烤牛肉蓋飯。所選用的牛肉部位為後腿肉，在進行後腿肉的挑選時，則是挑選了後腿肉中位於外側腿肉的「外側後腿肉眼」。此部位的牛肉纖維質多而具有彈性，越是咀嚼越能感受到牛肉瘦肉的鮮味。以迷迭香、胡椒鹽及尾崎牛的油脂醃漬牛肉一天一夜，再以蒸氣式烤箱低溫烘烤牛肉，即使將肉切成薄片依舊有著濃厚的風味。上菜時會搭配上以甜醬油為基底的佐醬。

料理長
加藤大介
DAISUKE KATO

從事傳統日本料理二十載，於東急 PLAZA 銀座開幕的同時擔任料理長一職。

ROAST BEEF INFO

價格：僅日間供應。限定十五碗，附牛筋湯、沙拉、泡菜，
　　　3800 日圓（未含稅）
牛肉：宮崎的尾崎牛後腿肉
加熱方式：烤箱
佐醬：九州甜醬油與醋的佐醬

滿載最高級的黑毛和牛

烤牛肉蓋飯

材料

烤牛肉

尾崎牛後腿肉……1 ～ 2kg

尾崎牛油……適量

鹽巴……適量

黑胡椒……適量

迷迭香……2 枝

盛盤（一人份）

烤牛肉……12 ～ 13 片

白飯……180g

海苔絲……適量

牛肉燥……適量

蔥白絲……適量

蝦夷蔥（切成細蔥花）……適量

醬油佐醬……適量

醃漬

1

切除尾崎牛後腿肉上的筋膜、油脂，將牛肉整形後再撒上鹽巴、黑胡椒，塗上牛油之後再與迷迭香一同以保鮮膜包裹，醃漬一晚。

Check

Check

鹽巴量要稍微多。為了讓牛肉的風味更佳，所以在表面塗上同為尾崎牛的牛油。

2

醃漬之後讓牛肉回溫，將烘焙紙鋪於烤盤上之後再放上牛肉，烤箱設定150℃，烘烤 25 ～ 30 分鐘。途中以溫度計確認牛肉的中心溫度，當內部溫度達到 65 ～ 70℃時即可取出。

切片

3

從烤箱內取出牛肉並使之冷卻。牛肉冷卻後切為厚度 2.5mm 的肉片。

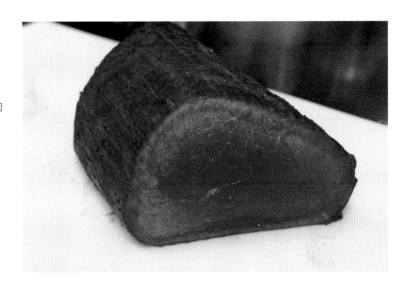

盛盤

4

將白飯盛裝於容器內，再撒上海苔絲，並淋上一些醬油佐醬。將牛肉片貼著容器的邊緣，鋪排在白飯之上。把牛肉燥擺在正中間，再放上蔥白絲、蝦夷蔥。淋上醬油佐醬之後即可上桌。

3 La Rochelle 山王

『普羅旺斯香烤牛肉』

「香草醬料與後腰脊肉的風味，
演奏出絕妙的和絃」

薩摩黑牛的後腰脊肉為 A4 級別的肉品，此處佈滿油花卻也多瘦肉。利用極具個性的醃漬手法來處理牛肉，以及透過將美味的牛肉裹上普羅旺斯風味的麵包粉進行加工潤飾，完成了一道涼冷的料理，卻依舊能品嚐到豐富的香氣。

醃漬牛肉時使用的醬料，是將鰻魚、酸豆及香草、綠橄欖放入調理機攪拌後製成的醬料。此醬料與吉利丁混合之後，也將當作黏接用醬料，使牛肉沾裹上普羅旺斯風味麵包粉。此外，此醬料加上鮮奶油與玉米糖膠後，也將作為盛盤時的醬料。

普羅旺斯風味麵包粉是將乾燥後磨成粉末的香菇、培根、紅椒、黑橄欖、百里香、迷迭香，混合了以平底鍋焙炒過的麵包粉與大蒜片。原始麵包粉的比例佔整體的一成左右，是以香味食材為主體的獨創麵包粉。此道料理可當成是前菜，是一道十分能夠提振食慾的餐點。

料理長

川島 孝
TAKASHI KAWASHIMA

1967 年出生於群馬縣。1989 年以新店開幕之員工的身分進入「La Rochelle」；1999 年「La Rochelle 南青山」開幕的同時，擔任該店的副料理長。其後赴法國實習修業，2010 年回國後就任「La Rochelle 山王」的料理長。

ROAST BEEF INFO

價格：宴會用餐點
牛肉：薩摩黑牛後腰脊肉（A4）
加熱方式：平底鍋加熱→真空包裝＋蒸氣式烤箱的蒸氣模式
醬料：綠橄欖醬

涼冷的烤牛肉口感令人心醉不已

普羅旺斯香烤牛肉

材料

烤牛肉

牛後腰脊肉……1kg
醃料鹽巴 ※……牛肉重量的 0.8%
橄欖油……適量
綠橄欖醬（醃漬用）※……適量
吉利丁片……綠橄欖醬總重的 4%
獨創麵包粉 ※……適量

※ 醃料鹽巴

材料（製作量）
　肉荳蔻……10g
　鹽巴……60g
　白胡椒……20g

作法
　1　將所有材料混合均勻。

※ 綠橄欖醬（醃漬用）

材料（製作量）
　鯷魚綠橄欖醬……170g
　鯷魚……30g
　酸豆……20g
　香葉芹、蒔蘿、龍蒿、
　義大利巴西利……共 30g

作法
　1 使用食物調理機將所有材料攪拌均勻。

※ 獨創麵包粉

材料（製作量）
　乾香菇……2g
　培根片……8g
　紅椒片……4g
　乾燥黑橄欖……8g
　乾燥百里香……1g
　乾燥迷迭香……1g
　大蒜片……6g
　麵包粉（焙炒過）……4g

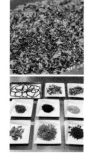

作法
1　將香菇、培根、紅椒、黑橄欖、百里香、迷迭香放入 80°C 的烤箱內約兩個小時半，使所有材料乾燥。
2　大蒜切成薄片之後油炸，做成大蒜酥片。再將麵包粉放入平底鍋內焙炒。
3　將所有材料切碎之後，放入碗裡混合。

盛盤（四人份）

烤牛肉……240g
綠橄欖醬……適量
綠蘆筍……2 根
昆布漬紅心蘿蔔 ※……適量
醃漬紫洋蔥 ※……適量
金蓮花……適量

※ 昆布漬紅心蘿蔔

將紅心蘿蔔切成薄片，撒上鹽巴之後以昆布層層夾住，放入冰箱冷藏 24 小時。

※ 醃漬紫洋蔥

將紫洋蔥切成薄片，以微波爐（700w）加熱一分鐘之後，再以紅酒醋及橄欖油醃漬。

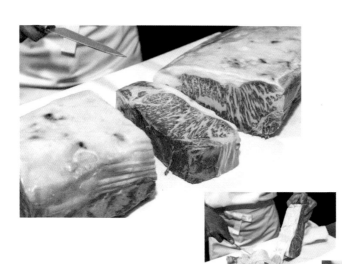

塑形

1

圖為薩摩黑牛的後腰脊肉，瘦肉較多是此部位的特徵。其他像是臀肉、後腿腱子心的部位也都很適合用來製作烤牛肉。將後腰脊肉橫向切成5cm的厚度，每5cm厚的肉重約為1kg，去除油脂與筋膜的部分後會減少至600g。以一盤60g為準，分成十盤。

2

將肉重0.8%的醃漬鹽巴撒在整個牛肉的表面，鹽巴撒好後立刻下鍋煎烤。若鹽巴撒好後讓牛肉靜置，牛肉就會變成像火腿一樣，所以才要立刻煎烤。

煎烤

3

平底鍋內倒入橄欖油，充分熱鍋之後再將牛肉下鍋煎烤。

Check

若以中火來煎烤的話，牛肉中心也會跟著受熱，所以只要用大火煎烤表面即可。

真空包裝

4

將煎烤過表面的牛肉與綠橄欖醬一同放入真空包裝內,並放置 1 小時。

放入
蒸氣式烤箱

5

把牛肉放入蒸氣式烤箱中 25 分鐘,烤箱設定為蒸氣模式、溫度 71℃。取出後浸泡冰水使牛肉冷卻,再將牛肉移入冰箱冷藏兩天。

修飾、完成

6

從真空包裝內取出牛肉,並用橡膠刮刀刮除牛肉表面的綠橄欖醬。刮下來的綠橄欖醬加上吉利丁後,將會再次塗抹於牛肉表面,也會用作擺盤時的醬料。將三根金屬串插進牛肉,以方便進行作業。

7

將吉利丁片隔水加熱，並與一部分殘留於袋子的綠橄欖醬混合，吉利丁片的比例為綠橄欖醬的 4%。把此醬料塗抹於牛肉表面，再將牛肉各面沾黏上特製麵包粉。

8

以金屬串當作支撐，使牛肉保持在懸空的狀態，放入冰箱靜置約 30 分鐘。

Check

透過靜置牛肉的步驟，使特製麵包粉與牛肉融合。

9

從冰箱中取出烤牛肉，將其切成 5mm ～ 10mm 的厚度。若厚度少於 5mm，附著於牛肉表面的麵包粉就會容易剝落。將烤牛肉與昆布漬紅心蘿蔔、汆燙後的綠蘆筍、醃漬紫洋蔥、金蓮花一同擺盤。

SAUCE RECIPE

綠橄欖醬（擺盤用）

材料
綠橄欖醬（醃漬用）……適量
鮮奶油……200g 的綠橄欖醬使用 10ml
玉米糖膠……200g 的綠橄欖醬使用 5g

作法
過濾步驟 7 中未與吉利丁混合的剩餘綠橄欖醬。若為 200g 的綠橄欖醬，便加上 10ml 的鮮奶油及 5g 的玉米糖膠，將三者混合均勻。

4 Restaurant C'EST BIEN

『紅毛和牛菲力烤牛肉』

「透過三階段的加熱使牛肉變得柔嫩，伴隨著香氣一同料理出上等肉質的瘦肉」

　　紅毛和牛的瘦肉較多，但同樣含有適度的脂肪，這樣的肉質兼備了美味、柔嫩與健康。為了要料理出能充分發揮此肉質的烤牛肉，因此要分成三階段加熱。首先，將紅毛和牛與香料、迷迭香一同放入真空包裝內醃漬，使香氣能夠滲透到牛肉裡，呈現出柔嫩口感的肉質。

　　第一階段使用 55℃的恆溫加熱水槽進行加熱。需耗費時間加熱牛肉，使菲力牛肉的中心在加熱之後仍保持原有的柔嫩。第二階段則使用平底鍋將表面煎烤上色。第三階段是在上菜之前使用烤箱再次加熱。如此一來，便可使肉汁的甜味牢牢鎖在牛肉之中，同時又能達到理想的受熱程度，提升菲力牛肉的美味。在配菜的選用上，使用簡單的蔬菜來搭配也是一大重點。巴沙米可醋醃漬的新洋蔥清爽不油膩；醬料採用了酸黃瓜與芥末製成的濃稠醬料。又酸又甜的滋味使菲力牛油與香氣融為一體。

負責人兼主廚
清水崇充
TAKAMITSU SHIMIZU

1977 年出生於東京都，看著身為主廚的父親的背影長大。1998 年起於三笠會館進行五年的實習，2004 年迄今，擔任父親經營起的「C'EST BIEN」的第二代負責人兼主廚。

ROAST BEEF INFO

價格：3000 日圓／100g（未稅）
牛肉：紅毛菲力和牛
加熱方式：使用真空包裝＋恆溫加熱水槽→平底鍋加熱→烤箱
醬料：酸黃瓜芥末泥

醃漬與香料使牛肉美味

紅毛和牛菲力烤牛肉

材料

烤牛肉

熊本紅毛和牛……740g

鹽巴……適量

胡椒……適量

迷迭香……適量

肉荳蔻（粉）……適量

大蒜（磨泥）……10 顆

盛盤（1 盤份）

烤牛肉……80g

頂級冷壓初榨橄欖油……適量

山葵花莖……適量

新洋蔥 *……適量

酸黃瓜芥末泥（下記）……適量

巴沙米可醋漬新洋蔥 ※……適量

鹽之花……適量

* 新洋蔥：指採收後隨即出貨的新鮮洋蔥。

※ 巴沙米可醋漬新洋蔥

材料（醃漬用量）

新洋蔥……一顆

《醃漬液》

水……100ml

巴沙米可醋……80g

砂糖……40g

胡椒粒……適量

月桂葉……1 片

辣椒……1 根

鹽巴……3g

作法

1 將新洋蔥切成寬度 1cm 的薄片。

2 將醃漬液的材料放入鍋子裡，加熱至沸騰即可關火。

3 把醃漬液倒入保鮮盒裡，趁著醃漬液還溫熱時放入切成片的新洋蔥，靜置一天。

SAUCE RECIPE

酸黃瓜芥末泥

材料（製作量）

酸黃瓜……30g

酸豆……30g

巴西利……適量

紅酒醋漬芥末醬……20g

法式第戎芥末醬……10g

頂級冷壓初榨橄欖油……適量

作法

1 把材料都放進 Robot-Coupe 食物調理機裡攪拌。

2 移到碗裡，加入頂級冷壓初榨橄欖油混合。

醃漬

1

去除紅毛和牛的筋膜及油脂。撒上牛
肉重量 1.2% 的鹽巴、胡椒之後以棉
繩綑綁,真空包裝後放入冰箱內醃漬
一晚以上。

Check

分開進行胡椒、鹽巴的醃漬與香料的醃漬。以
胡椒與鹽巴醃漬後要使用真空包裝,讓味道能
夠確實地浸透至牛肉裡。接下來的香料醃漬,
則是以保鮮膜包住牛肉後進行醃漬。

2

大概地將迷迭香切短,並將大蒜磨成
泥。從包裝袋裡取出醃漬過的牛肉,
再以大蒜泥搓揉牛肉。將迷迭香塗抹
在牛肉上,並在牛肉的各個表面撒上
肉荳蔻粉。用保鮮膜包起來後放入冰
箱醃漬一晚。

放進恆溫加熱水槽

3

將步驟 2 醃漬過的牛肉真空包裝，並放進 55℃ 恆溫加熱水槽內 3 小時。

以平底鍋煎烤

4

從恆溫加熱水槽裡取出真空包裝的牛肉，橄欖油倒入平底鍋裡之後，再將從真空包裝袋裡取出的牛肉放進平底鍋，以大火煎烤表面。

放入蒸氣式烤箱

5

將牛肉切成厚度 2 ～ 3cm，放進蒸氣式烤箱內，設定為蒸烤模式、溫度 55℃，加熱十分鐘。

6

擺上醃漬洋蔥後再擺上酸黃瓜泥,烤
牛肉盛盤之後撒上鹽之花,最後放上
芥末花蕾。

5 CARNEYA SANOMAN'S

『烤帶骨熟成牛肉』

「以不造成血管爆裂的低溫進行加熱，

將飽含鮮味的 42% 水分

緊緊鎖在帶骨熟成肉當中」

　　本店使用了「SANOMAN（さの萬）」的 Dry Aging Beaf，這是透過熟成來增加鮮味的成分，將水分減少並凝聚至嚐起來最為美味的 42% 後得到的乾燥熟成牛肉。因此，為了盡量將飽含濃厚鮮味的肉汁留在牛肉之中，並善用透過熟成而得到的絲滑柔順感，來料理出極為細緻的肉質，所以才會採用不對牛肉造成壓力的慢火來加熱。之所以選用帶骨牛肉，也是為了避免肉塊收縮後造成肉汁流失。從使用平底鍋煎烤，到後來的蒸氣式烤箱加熱為止都要維持低溫，盡量避免牛肉的血管爆裂，而在以鋁箔紙包覆牛肉的靜置階段，則要保持 48～50℃ 的最終中心溫度。在這段期間內，要不斷地將滴下來的肉汁淋在牛肉上，將可謂是熟成肉的靈魂、有如堅果香的熟成香氣緊緊包裹在牛肉上。

　　烤牛肉搭配的醬料是僅以蔬菜與鹽巴製成的溫和醇厚醬汁。初嚐的味道濃厚但餘味輕盈，不干擾熟成肉細膩的作工，並襯托出牛肉的味道。

常務董事
高山功己
ISAMI TAKAYAMA

出生於淺草的老字號燒肉店，十八歲時踏上了料理之路。在東京都內的餐廳歷練後，於 2002 年前往義大利修業。回國後於「IL PACIOCCONE」、「CORLEONE」工作，其後自立門戶，2007 年「CARNEYA」於牛込神樂坂開幕，2014 年「CARNEYA SANOMAN'S」於西麻布開幕。

ROAST BEEF INFO

價格：主要提供 10000 日圓及 13000 日圓的餐點
　　　（未稅，需預約）
牛肉：日本產帶骨牛後腰脊肉，乾燥熟成牛肉
加熱方式：平底鍋加熱→蒸氣式烤箱的熱風模式
醬料：蔬菜醬汁

絲滑柔順的魅惑質地

烤帶骨熟成牛肉

材料

烤牛肉（2～3 人份）

日本產帶骨牛後腰脊肉，乾燥熟成牛肉……1.8kg

西西里島海鹽（薄片狀焙鹽）……適量

熟成肉的牛油……適量

大蒜（帶皮）……1 顆

八角……1 粒

盛盤（1 盤份）

烤牛肉……上記全量

芝麻菜……適量

蔬菜醬汁（P49）……適量

西西里島海鹽……適量

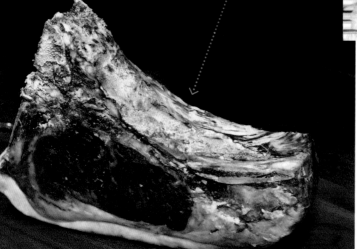

塑形

1

從一整塊帶骨後腰脊肉，切下一塊 1.8kg 的肉。

Check

使用肉塊不會收縮的帶骨牛肉，並選用放置於專用熟成庫中約 40 天所製作出的乾燥熟成牛肉。因微生物的作用而增加且在水分蒸發後凝聚的鮮味成分，與獨特的熟成香氣是此種牛肉的魅力。該店鋪主打的牛排等餐點皆使用熟成牛肉，傳遞出此種牛肉的魅力。

2

用刀子切除表面變色的部分，直到看見牛肉瘦肉與骨頭突出的部分為止。變色的部位在食用時會有雜味，所以要仔細地將這些部位切除。

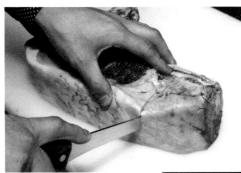

3

切除油脂的部分，只留下厚度 1.5cm 左右的油脂。同樣如此切除側面的油脂，將肉塊切成可見骨頭的形狀。

Check

瘦肉部分直接接觸平底鍋就會收縮，所以才留下 1.5cm 左右的油脂來蓋住瘦肉。

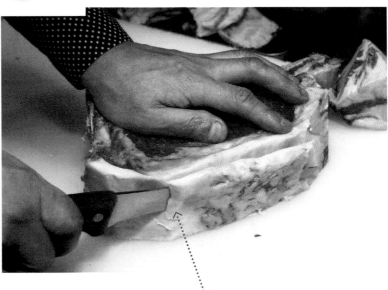

撒上鹽巴

4

由於煎烤時鹽巴會與油脂一併滴落，因此要大量地均勻撒在牛肉上面，並用手將所有鹽巴搓抹在牛肉上，讓牛肉入味。搓抹上鹽巴之後就要馬上進入煎烤的步驟，避免鮮味隨著水分從牛肉流失。

以平底鍋煎烤，
使肉塊沾滿油脂

Check

5

以小火加熱平底鍋，融化熟成肉的牛油。先將肉塊的脂肪部分下鍋煎烤，然後才是側面的部分。

Check

目的是為了利用熟成肉的牛油增添香甜的風味。由於以高溫加熱牛肉直到肉的表面煎出色澤的話，會對牛肉造成壓力，因此在進行加熱時，僅加熱約 1～2 分鐘就用湯匙盛起溫熱後融化的油脂，將油脂淋在整塊肉上，使香氣環繞整塊牛肉並使牛肉的表面沾滿牛油。此外，由於熟成肉的水分較少，很容易產生梅納反應與燒焦，因此火力要維持小火。

6

接著加入大蒜、八角，並且將牛油淋在大蒜與八角上，讓辛香料的風味跑進牛油裡，再將牛油淋在肉上增添風味。將肉塊移到烤盤上，淋上平底鍋裡殘餘的油脂。

Check

大蒜與八角的甘甜風味，與熟成肉十分搭配。使用未剝皮的蒜頭，可將極為清淡的蒜味附著於牛肉，讓人在品嚐時吃不出蒜味。大蒜的風味能使味道不再單調，品嚐到最後一口都不會讓人覺得膩。

Check

用蒸氣式烤箱燒烤

Check

7

將牛肉放入蒸氣式烤箱，並將溫度計插在骨頭邊緣，將烤箱設定熱風模式、溫度 130 ～ 140℃、中心溫度 43℃、風量微風。

Check
溫度設定的目的，是為了避免牛肉的血管爆裂，而採用低溫加熱。另外，將風量調小進行加熱，則是為了不讓水分逸散。將溫度計插在不易受熱的骨頭邊。

8

等到中心溫度到達 30 ～ 33℃後（約三十分鐘），將牛肉翻面再繼續加熱。將大蒜當成底座，就可以穩固好牛肉。

靜置於溫暖之處

9

當中心溫度到達 43℃後即可取出（蒸烤時間合計約為 1 小時）。把烤盤上的湯汁淋在牛肉上頭，讓牛肉吸附湯汁。

Check

10

以手指加壓斷面，牛肉若具有適度的柔軟，即為蒸烤完成的狀態。用鋁箔紙包住牛肉，不用包得太緊而且要稍微留個開口，靜至於 40℃左右的溫暖地點約三十分鐘。

Check
在牛肉靜置的這段期間內，裡面的肉汁會滲透到每一個地方，因此整體的溫度會上升至 48 ～ 50℃，依然緩緩地在加熱。雖然用鋁箔紙包住牛肉，但為了要讓溫度慢慢降低，使靜置的效果更好，所以才要將鋁箔紙留些空隙，做出讓空氣流通的孔洞。

11

用手指按壓時，牛肉具有著柔軟的彈性，彷彿要輕輕回彈一樣，且牛肉的膨脹也趨於平緩後，就可以結束靜置的步驟了。

修飾、完成

12

刀刃沿著骨頭一點一點插入牛肉裡，卸除骨頭並使骨頭上不留下一點肉（左圖），再去除筋膜以及油脂（下圖）。為了不讓牛肉在烘烤時收縮，故而留下筋膜一起烘烤，但因為筋膜太硬無法咀嚼，所以才在此步驟將其去除。卸除骨頭之後，最終可食用的部分大約為整塊牛肉的三～四成。

13

將烤牛肉切成四～六片並且擺盤，再擺上剛才切下的骨頭，並且添上熱過的蔬菜醬汁與芝麻菜、大蒜、八角。

Check

根據燒烤後的水分含量，微調烤牛肉片的厚度。如果水分稍微不夠，覺得有點乾的話，就將牛肉切薄一點。

由於牛肉本身的味道非常豐厚，若以肉湯來製作醬汁，味道便會太過濃厚。因此才搭配了只以蔬菜熬煮十個小時，味道濃厚但餘味清爽的「蔬菜醬汁」。

SAUCE RECIPE

蔬菜醬汁

材料

洋蔥、西洋芹、紅蘿蔔、大蒜、番茄、高麗菜
　　……分量皆同
焙鹽……少許

作法

1　將蔬菜切成適當的大小，將 40L 的水以及所有蔬菜材料放入鍋內，煮 3 ～ 4 小時（a）。

2　使用孔洞細小的過篩網，一邊將蔬菜壓碎一邊過濾。

3　將過濾之後的湯汁倒回鍋子裡，燉煮約 8 個小時，直到湯汁濃縮至 100ml 左右，再以鹽巴來調味（b）。

a

b

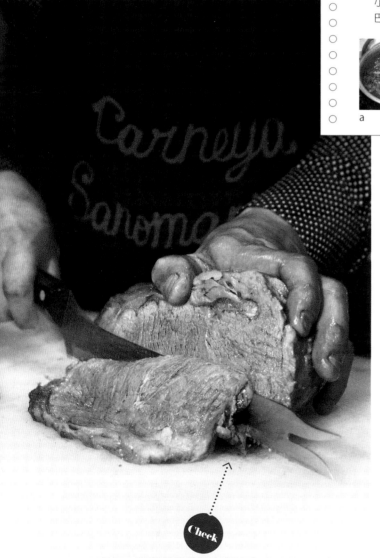

Check

6

TRATTORIA
GRAN BOCCA

『極品烤牛肉』

「歷經數次反覆靜置與低溫燒烤，
引出鮮嫩又多汁的美味」

以「具衝擊效果的肉品料理」為主題，開發出厚度約為 2cm 的烤牛肉。具有相當厚度的肉片讓人誤以為是牛排，就連女性顧客也深深著迷上這份口感。

料理方式的第一個重點就是牛肉的選定。此店選擇了不會讓人感到過度油膩、油脂量適中的清爽 US 肋眼肉。平日的進貨量為 12 ～ 13kg，週末則約為 20kg，為了在忙碌的午餐時段也能一致烘烤每一塊牛肉，因此進貨時盡量挑選重量相同、形狀一致的肋眼肉。第二個重點，則是從烤箱中取出烤牛肉的這個時機點，要不停歇地讓烤牛肉一邊靜置一邊烘烤，使肉汁回流至牛肉塊裡，完成一道鮮嫩多汁的烤牛肉。配合厚切的烤牛肉片，選用了以味道稍濃的調味醬油為基底的醬汁，食用時亦可依個人喜好沾上本山葵泥。

料理長

加藤俊明
TOSHIAKI KATO

於『Capricciosa 義式料理』工作約六年後，出國前往義大利的艾米利亞 - 羅馬涅州修業一年半。回國後於 2005 年進入 Selecao 股份公司擔任執行董事，目前參與新店鋪的成立與開發菜單等業務。

ROAST BEEF INFO

價格：200g/2900 日圓（含稅）
　※ 加點 100g/1450 日圓（含稅）
　※ 數量限定。
　　平日為 17 點 30 分起，六日及國定假日則一整天供應
牛肉：美國產牛肋眼肉
加熱方式：烤箱
醬汁：香郁醬汁

厚度 2cm 的豪邁切片！

極品烤牛肉

材料

烤牛肉

美國產牛肋眼肉……2.5kg
鹽巴（西西里島產）……適量
黑胡椒……適量
大蒜（泥）……5～6瓣份
牛油（和牛）……1塊（約5g）
白酒……適量

盛盤（1盤份）

烤牛肉……約200g
烤牛肉醬汁（P55）……50ml
本山葵……適量
馬鈴薯泥（Mashed potato）……適量

塑形，醃漬

1

使用棉繩綑綁肋眼肉，肋眼肉的形狀不會散掉即可。撒上大量的鹽巴並用手搓抹，使鹽巴的味道進到牛肉裡。接著再撒黑胡椒，讓黑胡椒的味道稍微附著於牛肉，並且將大蒜泥塗抹在周圍。用保鮮膜包住牛肉，放進冰箱醃漬1～2天。

Check

午餐時段的廚房一樣會很忙碌，有時可能沒有多餘的時間去注意烤牛肉的狀態或是烤牛肉靜置了多久。為了在這樣忙碌的情況下也能夠烤出一致的烤牛肉，因此才要挑選肉的重量（2.5kg）及形狀（高度及厚度足夠且形狀漂亮的牛肉）。美國牛的肉塊若是太瘦就容易變得乾柴，用形狀漂亮的肉塊烤出來的牛肉才會美味多汁。

以烤箱高溫烘烤

2

從冰箱取出牛肉後，置於常溫下3～4小時，再將牛肉放在鋪有烘焙紙的烤盤上。

3

倒一些水在烤盤上以免牛肉烤焦，再將牛油塊放在牛肉上面，以220℃的烤箱烘烤20分鐘。

Check

開始要烤牛肉前才放上牛油。在烘烤的期間內，牛油會融化並沾附於牛肉的表面，增添上等的香氣及濃郁的味道。此店講究地選用品質極佳的和牛油脂。

4

當牛肉表面烤出顏色後即可翻面，
再把牛油放置於牛肉上，繼續烤
10 分鐘左右。假如先前放進烤箱
的牛油塊還有剩，就直接放上此塊
牛油，等到都融化之後再放上新的
牛油塊。

靜置於溫暖處

5

當牛肉上下兩面都烤至上色後即可從
烤箱內取出，淋上白酒以增添風味，
再將牛肉靜置於溫暖處約 20 分鐘。
在靜置的這段期間內，事先讓烤箱的
溫度降至 100℃以下。

以烤箱低溫烘烤

6

將步驟 5 的烤牛肉以鋁箔紙包緊，並放在先前使用過的烤盤上，放進 100℃的烤箱內烘烤約 30 分鐘。

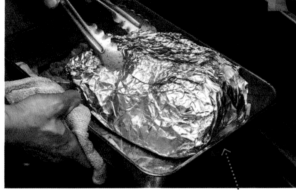

7

將牛肉從烤箱內取出，暫時靜置於常溫底下約 15 ～ 20 分，將牛肉翻面後再放進烤箱內，以 100℃燒烤 30 分鐘。

Check

前 30 分鐘的「烘烤」是為了讓牛肉表面烤出顏色；以鋁箔紙包裹後「烘烤」1 個小時，則是為了讓溫度傳達至牛肉中心。在這段期間內，須將牛肉從烤箱內取出並靜置 15 ～ 20 分鐘，如此一來，便可使牛肉表面約 1cm 厚的肉烤至上色，而中間則看起來半熟鮮嫩，達到理想的加熱程度。

靜置於溫暖處

8

從烤箱裡取出牛肉，直接包著鋁箔紙靜置於溫暖處 30 分鐘。

Check

靜置牛肉的地點也很重要。由於此店的烤牛肉切片後的厚度較厚，所以牛肉變涼之後吃起來就不美味，但若是置於高溫之處，牛肉就會過度加熱。在尋找能維持適當溫度的地點後所得到的結論，便是此店的瓦斯台上為最佳地點。

9

將溫度計插入牛肉裡,若中心溫度達
55～60℃,以手指按壓具有彈性,
即為完成。

Check

以中心溫度及手指輕壓時的彈性來判斷是否完
成。雖然無法以言語來說明彈性,不過若是加
熱不足,牛肉便會呈現鬆軟的樣子。

修飾、完成

10

切除烤牛肉的邊緣,再切成厚度約
2cm 的肉片,並取適當的寬度切開
肉片。牛肉的邊緣則可以用來製作番
茄肉醬。將烤牛肉片擺在已盛裝馬鈴
薯泥的容器上,淋上再次加熱過的烤
牛肉醬汁,並且放上本山葵泥。

SAUCE RECIPE

烤牛肉醬汁

材料

洋蔥……適量
大蒜……適量
生薑……適量
蘋果……適量
醬油……適量
紅酒……適量
小牛高湯……適量

a

1 將洋蔥、大蒜、生薑、蘋果切成適當的大小,
   放進食物調理機內攪碎成泥狀。
2 將步驟 1、醬油、紅酒、小牛高湯放進鍋子裡,
   以小火燉煮一個小時半。
3 過濾步驟 2,放進冰箱冷藏一天,隔天要使用
   時再次加熱(a)。

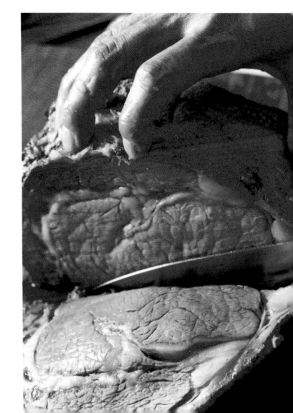

7 烤牛肉之店 渡邊

『黑毛和牛烤牛肉』

「一邊改變鐵板的溫度，
一邊讓眼前的烤牛肉的中心溫度到達 50℃，
傳遞了趁熱品嚐的美味」

渡邊先生是在飯店工作時，才知道了剛出爐的烤牛肉的味道。抱持著「許多店家的客人都是品嚐到冷的烤牛肉，但我想要讓客人品嚐到剛出爐的美味」的想法，渡邊先生便經營起烤牛肉的店。他想到將鐵板放在桌上型 IH 爐上，當成是每次送上餐點時煎烤少量牛肉的器具。將 300g 以上的肉塊表面以高溫煎烤定型，蓋上蓋子後調為低溫至保溫的溫度。這與使用鋁箔紙包住牛肉後靜置的作法相同，都是利用餘溫加熱肉塊的中心。待中心溫度到達 50℃後，便再次加熱表面並且供應給客人。裹上以獨門方式蒐集的肉汁所製成的醬汁，帶給客人嶄新的體驗。

渡邊先生表示「牛排冷了之後味道就差了，烤牛肉卻能持續著美味的時光」。邊吃著前菜，邊等待著即將出爐的烤牛肉，這一刻也是令人愉悅的。

負責人兼主廚
渡邊勇樹
YUUKI WATANABE

1979 年出生於京都市。於京都的洋風居酒屋、大阪的飯店等累積修業的經驗。於京都的小餐館「巴黎食堂」（現已關店）工作三年，踏上法式料理之路。2013 年 7 月自立門戶，開設專賣以烤牛肉為主餐的套餐料理之店。

ROAST BEEF INFO

價格：為 5000 日圓（未稅）的套餐中供應的主餐
牛肉：黑毛和牛腰臀肉或後側臀肉
加熱方式：鐵板
醬汁：肉汁醬

供應餐桌上現烤的牛肉

黑毛和牛英式烤牛肉

材料
英式烤牛肉（2 盤份）
黑毛和牛腰臀肉／後側臀肉……300g
焙鹽、黑胡椒……各適量
迷迭香、百里香……各 2 枝

盛盤（1 盤份）
烤牛肉……上記分量的一半
馬鈴薯……小顆 2 顆
大蒜……1 瓣
肉汁醬（P61）……適量
辣根、芥末醬……各適量

撒上鹽巴、胡椒

1

選用黑毛和牛的腰臀肉或後側臀肉，
牛肉回溫之後撒上鹽巴及黑胡椒。

Check

要挑選咀嚼時能感到味道釋出的瘦肉部位。雖
然 A3 等級的黑毛和牛的油花較多，但因為是
後腿肉部分，所以不會讓人感到油膩。

以大火加熱的鐵板
煎烤上色

2

將鐵板裝設在設置於客桌旁的 IH 調
理器上，在客人的面前進行烤牛肉。
首先，將牛肉放在已使用 IH 爐大火
加熱過的鐵板上，從脂肪側的牛肉表
面開始煎烤。再將用於搭配的馬鈴薯
及大蒜事先放上鐵板煎烤，加上迷迭
香及百里香後，與牛肉一同繼續加
熱。

Check

如果是脂肪較少的牛肉部位，便要與牛油一同
煎烤。這樣的加熱方式有兩個特徵，一是若使
用鐵板來料理，那麼即使人數稀少也一樣能夠
烤牛肉，二是能夠供應現出爐的烤牛肉。與牛
排相較之下，使用整塊牛肉烘烤的烤牛肉所持
續的美味時光會更久，因此大膽地選擇了烤牛
肉料理。

3

一邊變換牛肉方向，一邊煎烤牛肉的各面。

切成小火後繼續加熱

4

牛肉上色之後將溫度計插進肉塊，再將加熱後的迷迭香及百里香放在牛肉上面。

5

將 IH 爐的火力切成小火，蓋上蓋子後繼續加熱。

一邊保溫，一邊靜置牛肉

6

等到中心溫度到達 35℃之後，便將 IH 爐切成保溫模式，靜置 25 ～ 30 分鐘。

Check

此步驟與以鋁箔紙包裹牛肉後靜置為同一原理，皆是一邊保溫一邊利用餘溫導熱，也能使肉汁回流至肉裡。

7

等到中心溫度到達 50℃之後，便可以掀開蓋子（右圖）。

Check

之後，溫度在加熱表面的過程中還會再上升。此時牛肉中心溫度為 50℃，是送餐時烤牛肉變得最為美味的溫度。

Check

再次將鐵板以大火加熱，
將牛肉溫熱

Check

8

IH 爐轉為大火，將牛肉各面溫熱。

Check

動作要迅速，避免過度加熱。

切片

9

一邊將牛肉切成厚片，一邊擺在已盛有馬鈴薯及大蒜的容器上。並且添上再加熱過的肉汁醬、辣根泥、芥末醬。

SAUCE RECIPE

肉汁醬

材料

調味蔬菜（切成丁的紅蘿蔔、西洋芹、洋蔥）
　……一把
白酒……淋一圈的量
小牛高湯……適量
鹽巴……適量

作法

1　將調味蔬菜放在煎烤過牛肉的鐵板上拌炒之後（a），再淋上一圈白酒（b）。
2　一邊刮鐵板，一邊將湯汁推進鐵板的洞裡（c、d）。洞的下方設有一個鍋子（e）。
3　將滴落的湯汁加上小牛高湯加熱，比例為 1：3。要提供給客人時再以鹽巴調味（f）。

a

b

c

d

e

f

8
BRASSERIE AUXAMIS
marunouchi
丸之內店

『烤牛肉』

> 「加入可增添香氣的蔬菜以提升後腿肉的
> 味道，並利用隔水加熱和緩加熱牛肉，
> 是一道迎合女性口味的料理」

這道烤牛肉的供應時間為午餐時段，且為每月僅供應一次。一份套餐為 1080 日圓，CP 值超高的烤牛肉在下午一點以前便會售罄，是此店的高人氣餐點。因為光顧的女性顧客眾多，考慮到多數女性顧客在食用上的喜好，所以選用油脂較少的後腿肉，並且不使用容易使口腔殘留味道的黑胡椒等調味料。

腿肉的味道通常都不濃厚，為了補足並提升後腿肉中的鮮味，加熱前以可增添香氣的蔬菜來醃漬後腿肉是一大重點。連同真空包裝袋一同放進水中隔水加熱，可緩和地以低溫進行加熱，同時又讓牛肉保有充足的水分。 上主廚認為，能讓牛肉在烹煮之後變得軟嫩，具有嚼勁卻又不使牛肉的纖維過度發達，正是隔水加熱調理法的優點所在。依照各個季節搭配不同的醬料，如芥末醬或是香菇奶油霜等，讓烤牛肉品嚐起來的味道產生不一樣的變化。

料理長

渕上達也
TATSUYA FUCHIGAMI

ROAST BEEF INFO

價格：為平日限定的「今日午餐」的主菜，不定期供應。
　　　1080 日圓（含稅）包含前菜、主餐、麵包。
牛肉：澳洲牛後腿肉
加熱方法：真空包裝＋隔水加熱→平底鍋加熱→烤箱
醬汁：芥末醬

曾經於「Aux Bacchanales」、東京都內的法國料理餐廳工作，2006 年進入 AUXAMIS WORLD 股份有限公司。擔任「巴黎的白酒食堂」、「BRASSERIE AUXAMIS 晴空鎮」的主廚之後，自 2015 年 9 月起擔任目前所在的「BRASSERIE AUXAMIS 丸之內店」的主廚。

牛肉的甘甜＋蔬菜濃郁的香氣

烤牛肉

材料
烤牛肉（5 盤份）
澳洲牛後腿肉⋯⋯600 g
A
┌ 焙鹽⋯⋯8.7g
│ 粗黑胡椒粒⋯⋯0.6g
└ 砂糖⋯⋯5.7g
洋蔥⋯⋯50g（1/4 顆）
紅蘿蔔⋯⋯30g（1/4 根）
西洋芹⋯⋯5g
大蒜⋯⋯10g（3 瓣）
鹽巴（蔬菜用）⋯⋯5g
沙拉油⋯⋯3 大匙

盛盤（1 盤份）
烤牛肉⋯⋯110g
焗烤馬鈴薯⋯⋯適量
四季豆（水煮）⋯⋯適量
芥末醬（P67）⋯⋯適量
岩鹽⋯⋯少許

塑形、醃漬

1

將牛後腿肉塑形，撒上混合後的材料 A，用手稍微搓抹後將牛肉捲起，並以繩子綑綁。實際上準備的牛肉量為 8kg，將各分成 2kg 的 4 塊牛肉捲成相同大小的筒狀，讓牛肉能均勻地受熱。因為牛肉會出水，所以撒上鹽巴之後不可直接放著。

2

將全部的蔬菜切成薄片，加上鹽巴之後搓揉至蔬菜出水。

Check

此水分帶有來自蔬菜的鮮味，可將牛肉事先調味，引出清淡後腿肉的鮮味，同時並以相乘的效果加強牛肉的風味。西洋芹的味道太過強烈，因而未使用。

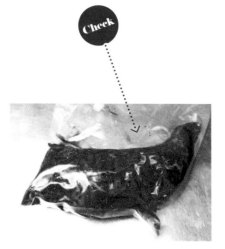

3

將步驟 1 的牛肉、步驟 2 的蔬菜連同水分一同放進專用的袋子，真空包裝後放入冰箱中靜置兩天。左圖為靜置後的牛肉。

Check

兩天後的牛肉已充分吸收了鹽味及蔬菜的鮮味。若是以保鮮膜包裹牛肉，由於並非密封的關係，因此需花上 4 天左右的時間。

隔水低溫加熱

4

以 60°C隔水加熱約 15 分鐘，鍋底放置鐵網，使加熱的溫度一致。

Check

為了避免急速加熱造成牛肉收縮，使牛肉變硬，所以將牛肉與水分一同以低溫緩緩加熱。若想要慢慢地加熱到牛肉的中間，料理出多汁柔嫩的烤牛肉，600g 重的牛肉以此溫度與時間進行加熱是最合適的。若以蒸氣式烤箱加熱時，則設定為蒸氣模式、溫度 70°C、溼度 80%、時間 25 分，模擬出近似於隔水加熱的環境，讓牛肉與蒸氣一同加熱。

5

加熱後的中心溫度大約為 40°C，把金屬串插進牛肉中心再抵在下唇試溫，感覺到溫度微熱，且以手指按壓牛肉後會反彈。這樣的加熱程度約達八成左右。

以平底鍋煎烤至上色

Check

6

取出牛肉，挑掉蔬菜並拭乾表面的水氣。以大火加熱平底鍋內的沙拉油，一邊翻轉牛肉，使每一面都煎烤至上色。

Check

為了避免增加了多餘的味道，所以使用沙拉油。以大火快速煎烤，可避免水分流失。煎烤上色至牛肉飄出香氣。

使用烤箱調整加熱火候，
靜置牛肉

Check

7

直接將平底鍋放進烤箱，以 200℃加熱 4 ～ 5 分鐘。

Check

使用烤箱稍微烤一下，做最後的火候微調。根據此時的肉質或加熱方式來調整，有時是要讓表面稍微烤上色，有時則是要讓牛肉中心也受熱。

8

加熱後牛肉中間會呈現玫瑰粉色，而且可以很順利地把金屬串插進肉的中心。中心溫度大約會是 50～55℃（把金屬串抵在下嘴唇時感覺比步驟 5 再熱一點）。將牛肉靜置於瓦斯台附近、或與爐台溫度差不多的溫暖處約 30 分鐘，讓肉汁回流至牛肉裡面。

完成

9

以一人份為 110g、共 3 片的標準將烤牛肉切成薄片，再以營業用烤爐溫熱。將烤牛肉片盛盤，放上焗烤馬鈴薯、四季豆。淋上熱過的芥末醬汁，並在肉片上撒上岩鹽。

SAUCE RECIPE

芥末醬汁

材料
小牛高湯（※）……適量
第戎芥末……適量
奶油麵糊（法：beurre manié）……適量
鹽巴、胡椒……適量

※ 小牛高湯
　以牛肉塊的碎肉或筋膜、油脂製成的湯汁。

1　溫熱已熬煮至原本分量的 1/3 的小牛高湯，加入芥末後混合（a）。
2　以鹽巴、胡椒調味，再以奶油麵糊來勾芡（b、c）。

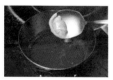
a

b

c

洋食 Revo

『烤牛瘦肉』

「烤牛肉是一道能直接傳達牛肉魅力的料理。為此我們使用了最上等的牛肉部位」

　　2008 年左右，店長開拓了現今使用的黑毛和牛的採購路線，因而專心投注在牛肉料理上。將烤牛肉定位為「一道能直接傳達出牛肉美味的料理」，不僅有提供單點的烤牛肉，亦提供烤牛肉套餐及烤牛肉全餐。店長認為「牛瘦肉也一樣會有美味的油花」，所以只使用 A5 等級的黑毛和牛。「希望客人能直接品嚐」平常不會用來製作烤牛肉的部位，因此烤牛肉所使用的部位主要為牛排最常使用到的菲力、內後腿肉內側部位，而且為了讓口味多樣化，因此同樣也準備了油脂較少的部位來製作烤牛肉，選用了兩種以上的部位、最多五個部位。

　　關於調理烤牛肉的方式，試驗過了以鋁箔紙包裹牛肉後以平底鍋加熱，再以烤箱烘烤等各種不同的方式，最後採用了目前這種加熱效率高的方式。將牛肉真空包裝之後以熱水滾煮，沸騰之後熄火並將牛肉浸泡於熱水之中，讓牛肉和緩地加熱。另外，因使用了上等的牛肉，因此配合上和風醬汁或鹽巴、醬油品嚐也是此店烤牛肉料理的特徵。

店長

太田哲也
TETSUYA OHTA

1988 年出生於大阪市，為「洋食 Revo」第二代老闆。自十九歲起於該店修業，累積了內外場、庖解牛肉的經驗。於 2013 年 4 月 GRAND FRONT 店開幕的同時擔任店長。

ROAST BEEF INFO

價格：1700 日圓（含稅）
　　　※ 此外，帶有油花之部位依照調味佐料的不同，分別為
　　　2000 日圓、2200 日圓（皆含稅）。
牛肉：A5 等級的黑毛和牛 ※ 照片中使用的部位為內後腿肉下側
加熱方式：平底鍋加熱→真空包裝＋隔水加熱
醬汁：醬油與蔬菜泥醬汁

使用 A5 等級黑毛和牛的各個部位

烤牛瘦肉

材料
烤牛肉
A5 等級黑毛和牛 內後腿肉下側……600g
A5 等級黑毛和牛 後側臀肉……800g
牛油……適量
鹽巴……適量

盛盤（1 盤份）
烤牛肉……100g
粗磨胡椒……適量
番茄……1 串
嫩芽葉菜……適量
醬油蔬菜泥醬汁……適量

牛肉塑形

1

使用 A5 等級黑毛和牛，照片中的牛肉為內後腿肉下側（左）與後側臀肉（右）。切除多餘的油脂及筋膜，將牛肉塑形。

Check

「即使是瘦肉部位也一樣有著漂亮的油花，軟嫩又美味可口」，因為這個理由而專心致志於 A5 等級黑毛和牛。此次使用的後腿肉下側（大腿肉）、後側臀肉（屁股肉）等，為烤牛肉全菜單上經常供應的 2～5 種牛肉部位。各個部位中肉質較硬的部分也會用來製作烤牛肉，將全部的肉都用於製作。

以平底鍋煎烤

2

以中火加熱平底鍋中的牛油，待牛油融化後再將清除乾淨的步驟 1 牛肉下鍋煎烤。

3

均勻地將牛肉的六個表面煎至定型，
不讓肉汁流失。確實地煎烤使牛肉上
色，直到牛肉感覺快要燒焦為止。

Check

煎烤牛肉的目的是為了讓表面煎烤至定型，將
肉汁鎖在牛肉裡面。若是肉塊的形狀不容易煎
烤，有些部分接觸不到平底鍋，可以使用瓦斯
槍來炙燒每個角落。

在常溫底下靜置，
使餘熱散發

4

從平底鍋內取出牛肉，均勻地將鹽巴
撒在牛肉上面，並讓牛肉在常溫底下
靜置，直到餘熱都散掉。

Check

此步驟鹽巴的作用，是為了要引出牛肉的甜
味。牛肉的味道則是以醬汁決定。

真空包裝

5

將牛肉塊各自放入袋子，再放進
真空包裝機裡抽真空。

自冷水的狀態
開始隔水加熱

6

在直筒湯鍋內倒滿冷水，把步驟 5 的牛肉放進水後再開大火。沸騰之後熄火，就維持這樣的狀態讓牛肉浸泡在熱水裡。由於後腿肉下側為牛後腿肉中的瘦肉部位，因此 600g 重的肉要浸泡 10～11 分；後側臀肉為臀肉的一部分，800g 重的肉要浸泡 18 分鐘左右。

Check

自冷水加熱至沸騰，以逐漸上升的溫度來徐徐加熱牛肉是重點所在。依牛肉塊的部位、重量、厚度計算出加熱的時間。再依牛肉的彈性判斷加熱是否完成。輕壓牛肉後若是沒有反彈，表示此時牛肉中心還是生的，所以還要再多加熱 1～2 分鐘。

浸泡在
冰水中冰鎮

7

等到加熱的時間到了，即可從熱水中取出牛肉，放置於常溫底下並利用餘溫加熱。當牛肉摸起來已是常溫時，再將牛肉浸泡在冰水中，直到中心也都冰鎮為止。

Check

牛肉在隔水加熱之後就馬上放進冰水裡的話，會使牛肉中心滲出紅色血水。要先將牛肉暫時放在常溫底下，利用餘溫使牛肉加熱至呈現玫瑰粉色。

重新真空包裝，
冷藏一晚上

8

打開袋子並取出牛肉，將牛肉放進新的袋子裡，再次真空包裝。

Check

如左上照片所示，若是還殘留步驟 6 中所滴出的水分，那麼牛肉在冷藏之後還是不會變緊實，因此要重新真空包裝。

9

將步驟 8 的牛肉冷藏一晚上。

Check

靜置牛肉一晚上，可讓油脂凝固，使味道
熟成。

完成

10

將烤牛肉切成厚度 1～2mm 的薄
片，每一盤盛裝 100g 的烤牛肉片。
放上小番茄以及嫩芽菜葉，再撒上粗
磨胡椒。最後擺上醬油與蔬菜泥醬
汁。

創意烤牛肉菜單

和風烤牛肉

2200 日圓（含稅）※ 照片中的部位為內後腿肉的內側

烤牛肉料理的菜單有 2200 日圓
（以下皆為含稅價格）的「和風
烤牛肉」、2000 日圓的「上烤
牛肉」、2000 日圓的「鹽烤牛
肉」及 1700 日圓的「烤牛瘦肉」
共四種。前三種烤牛肉料理的差
異在於醬料，牛肉則都是使用肋
眼肉中的肋眼上蓋肉或是內後腿
肉的內側等分布著油花的部位。
「烤牛瘦肉」則是使用內後腿肉
下側、內後腿肉上側、外後腿肉
內側等瘦肉部位。若客人有要求
的話，同樣也會提供各個部位的
「Half & Half」綜合拼盤。每一
種餐點的製作流程都一樣。

醬料

左下方是配合上「烤牛瘦肉」與「上烤牛肉」
的醬汁，是以醬油與蔬菜泥為基底的烤牛肉
醬汁。右下方是配合「鹽烤牛肉」的鹽巴，
混合了四種的鹽巴。上方為「和風烤牛肉」
所用的真正山葵與醬油。將客人點餐後現磨
的靜岡縣產的正山葵泥，與甜味醬油一同提
供。

CUL-DE-SAC

『烤澳洲牛後腿肉佐肉汁醬』

「盡可能不對牛肉造成壓力，
均勻地將整塊牛肉烤成玫瑰粉色」

此道烤牛肉是 prefix 形式的午餐套餐中，吸引了眾多人氣的主菜（main dish）。為了能讓客人品嚐到飽滿的烤牛肉風味，因此選用了能兼顧價格與美味的澳洲牛肉中腰脊臀肉部分。讓客人能夠享受到唯有瘦肉才有的濃厚鮮味，以及溼潤多汁的美味口感。

牛肉要鮮嫩多汁的祕訣，在於烹調時不造成牛肉任何壓力。不使用棉繩綑綁牛肉，也不過度煎烤表面，以「讓人感覺不出來牛肉煎烤過了」程度的火侯來煎烤。以烤箱加熱時也只翻一次面，翻面完就不再隨意翻動。然後小心別傷到牛肉表面，以免肉汁流出。烤完之後再以餘溫來加熱，就能夠烤出一整面玫瑰粉色的漂亮斷面，再配上以小牛高湯為基底的濃郁肉汁醬一起享用。

主廚兼負責人
小濱純一
JUNICHI OBAMA

曾於「Queen Alice」工作，於「REIMS YANAGIDATE」系列的餐廳工作約 6 年半，擔任過料理長等職位。2010 年 2 月「CUL-DE-SAC」開幕的同時，擔任店長兼料理長。2015 年接掌經營權後擔任主廚兼負責人。

ROAST BEEF INFO

價格：僅於午餐時段提供。含前菜、沙拉、麵包、飲料，1000 日圓（含稅）
牛肉：澳洲牛腰臀肉、後側臀肉
加熱方法：平底鍋加熱→烤箱
醬汁：肉汁醬

品嚐到唯有瘦肉才有的滿滿鮮味

烤澳洲牛後腿肉佐肉汁醬

材料

烤牛肉

澳洲牛臀肉或牛臀肉後側……約 5.5kg

醃漬用材料

┌ 鹽巴（伯方島的焙鹽）……適量
│ 帶皮大蒜（切片）……4 瓣份
│ 洋蔥（切片）……1/2 顆
│ 紅蘿蔔（切片）……1/4 條
│ 西洋芹（切粒）……1 根
│ 百里香……1 根
│ 迷迭香……2 根
│ 巴西利的莖……3 根
│ 義大利巴西利的莖……3 根
│ 月桂葉……3 片
│ 粗粒胡椒……1 撮
└ 頂級冷壓初榨橄欖油……適量
肉（製作小牛高湯用）……500g
油……適量

盛盤（1 盤份）

烤牛肉……約 130g
肉汁醬（P79）……60ml
粗粒胡椒……1 撮
顆粒狀芥末醬……適量
馬鈴薯泥（Mashed potato）……適量

塑形，醃漬

1

使用牛臀肉或是牛臀肉後側。切除多餘的油脂與筋膜，將牛肉塑形之後以棉繩綑綁。用鹽巴搓抹整塊牛肉，再把提味用的蔬菜、撕碎的香草葉放在牛肉上面，淋上橄欖油並撒上粗粒胡椒，放進冰箱冷藏醃漬一晚。

Check

以棉繩綁住牛肉時若是太用力，把牛肉綁得太緊的話，這樣繩子在煎烤牛肉的時候就會縮水並陷進肉塊，而破壞了牛肉塊的表面，使得肉汁流出。所以綑綁時只要固定住牛肉的形狀即可。

Check

以平底鍋將表面煎烤定型

2

把沙拉油倒入平底鍋內預熱,以中火煎烤牛肉,一邊變換牛肉的方向,煎烤每一面牛肉表面。

Check

為了防止肉汁流出,所以要適當地將牛肉的表面煎烤定型。煎太久的話會讓牛肉變硬,因此要多加留意。

Check

3

先取出步驟 2 中的牛肉,在同一個平底鍋內鋪上醃漬時使用過的提味用蔬菜、香草葉,再依序放上牛筋肉、步驟 2 中煎烤過表面的牛肉。

Check

以烤箱慢火烘烤

4

放進 140℃ 的瓦斯式烤箱內，中途只要翻面一次，總計烘烤一個小時半。時間到了之後以手指輕壓，看看加熱之後的牛肉是否有彈性，確認牛肉的烘烤狀況。

Check

牛肉只要翻面一次就好，盡量不要對牛肉施加壓力。由於肉汁會從肉叉插進的地方流出，所以也不使用肉叉。使用油淋法（Arroser，把烤牛肉時流出的湯汁或油脂淋在肉上）也會過度加熱，所以一律不使用。

靜置於溫暖處

5

把步驟 4 的牛肉放在鋪上網子的鐵盤，再蓋上奶油的包裝紙，放在瓦斯爐上方等溫暖處靜置 1 小時左右。過濾平底鍋上殘留的烤肉湯汁，留起來當成小牛高湯。

Check

善用奶油的包裝紙，代替使用鋁箔紙。使用包裝紙不僅有助環保，還因為上面沾著奶油，所以能使牛肉有淡淡的奶油風味，可謂一石二鳥。

Check

完成

6

將步驟 5 的烤牛肉切成 1cm 厚的牛肉片。切剩的牛肉還可以利用來製作燉煮料理等。把牛肉片擺盤，放上馬鈴薯泥後再淋上加熱過的肉汁醬，並且撒上粗粒胡椒，擺上顆粒狀芥末醬。

SAUCE RECIPE

肉汁醬

材料（備料量）
小牛高湯（P78 步驟 5 中過濾後的烤肉湯汁）
　……700ml
前一天的肉汁醬……300ml
牛筋肉……230g
大蒜（帶皮、切成小塊）……2 瓣份
長蔥（蔥綠部分、切成粗末）……5cm 長
紅蔥頭（蒂頭的部分）……2 片
迷迭香……2 根
百里香……2 根
鹽巴（伯方島焙鹽）……1 撮
粗粒胡椒……1 撮
無鹽奶油……10g
沙拉油……適量
調水後的玉米粉……適量

作法
1 將小牛高湯以及前一天的肉汁醬放進鍋子裡
　（a），開火加熱。

Check
加入約三成的前一天的肉汁醬，可使味道更加濃厚。

2 把沙拉油倒入平底鍋內預熱，放進牛筋肉後再撒
　上鹽巴及粗粒胡椒，煎烤牛筋肉的兩面（b）。
　以煎烤的方式而非拌炒，可使香氣轉移至湯底。

3 將大蒜、紅蔥頭、長蔥的蔥綠部分放進步驟 2，
　也將迷迭香與百里香放進來，再把奶油放在平底
　鍋內靠近自己的這一側（c、d）。

4 把平底鍋往身體這側傾放，一邊注意別讓奶油燒
　焦，一邊讓大蒜、紅蔥頭、香草葉的香味轉移到
　奶油上（e）。

Check
焦化奶油（beurre noisette）的要領，在於奶油加熱後且尚
未燒焦之前，將提味用蔬菜與香草葉的香氣轉移到奶油裡面。

5 讓融化後的奶油沾附在所有的食材之後（f），將
　食材倒進步驟 1 的鍋子裡混合。然後馬上倒回平
　底鍋裡（g），再將平底鍋裡的湯汁食材移回鍋
　子裡，加上調水後的玉米粉之後煮約 5 分鐘（h）。

6 步驟 5 勾芡之後就將火關掉，並且過濾湯汁。用
　刮刀用力按壓，一滴不剩地壓榨出所有的食材精
　華（i）。（j）為完成的肉汁醬。

11

Bar CIELO

『烤牛肉佐燻製醬油與 PX 雪莉酒醬汁』

「以清淡香氣的煙燻醬油製成的醬汁，
讓柔嫩的肉質有著更加濃厚的風味」

　　環遊世界並品嚐了各國料理的稗田主廚，為烤牛肉的製作所挑選的肉為澳洲牛的牛腰臀肉。此店採購整塊牛臀肉的部分，並於店內進行分割，後側臀肉的部分會用於製作牛排，有時候也會將部分的後側臀肉用於製作烤牛肉。此部位肉質柔軟油脂少，味道清爽可口。

　　一盤烤牛肉約有 9 ～ 10 片，經常有客人很驚訝「780 日圓的價格竟然有這麼多肉！」而且，當店長想要看到更多客人開心的笑容時，便會在 Happy Hour 時段（晚上六點～八點）以 100 日圓的價格供應烤牛肉。以煙燻醬油為基底的自製和風果醋醬汁，味道清爽又簡樸，因此與各式各樣的料理或是酒類都很搭配。

店長
稗田 浩之
HIROYUKI HIEDA

於東京下北澤、銀座等修業，2004 年於三宿營業起「Bar CIELO」。2009 年搬遷至三軒茶屋，二樓經營餐酒館、三樓經營酒吧。每年都會耗時一個月前往海外各國，於哥斯大黎加、尼加拉瓜、墨西哥等國參加例行的海外研習。

ROAST BEEF INFO

　　價格：780 日圓（含稅）
　　牛肉：澳洲牛的牛腰臀肉
　　加熱方式：平底鍋加熱→烤箱
　　醬汁：煙燻醬油與 PX 雪莉酒醬汁

與各式酒類都非常搭！

烤牛肉佐燻製醬油與 PX 雪莉酒醬汁

材料

烤牛肉

牛臀肉⋯⋯400g ～ 500g
鹽巴⋯⋯適量
黑胡椒⋯⋯適量
沙拉油⋯⋯適量

盛盤（1 盤份）

烤牛肉⋯⋯90g
辣根醬⋯⋯適量
燻製醬油與 PX 雪莉酒醬汁⋯⋯適量
巴西利⋯⋯適量

塑形

1

採購約 5kg 重的牛臀肉，由於牛臀肉尚連接著牛臀肉後側的部位，所以要一邊切除脂肪，一邊取下牛臀肉後側。牛臀肉後側也可以用來製作烤牛肉，不過一部分的牛臀肉後側會用於製作牛排。

2

清理乾淨之後，切成三等份，每份約 400g ～ 500g。切割完畢後再切除堅硬的筋膜。筋膜的部分或是較硬的部分可以使用紅酒燉煮。

Check
牛肉切割之後，放置 20 ～ 30 分鐘使牛肉回溫。

3

等到牛肉的中心也都回溫之後，就可以撒上鹽巴及黑胡椒。由於調味很簡單，所以使用的鹽巴量要多，也要撒上滿滿的黑胡椒。

煎烤

4

把沙拉油倒進平底鍋裡預熱,以大火一口氣將牛肉表面煎烤至上色。迅速且確實地以大火煎烤每一面。

移至烤箱

5

將牛肉放進 150℃的烤箱內烘烤20 分鐘。烘烤至一半、大約過了10 分鐘左右時,就將牛肉翻面並轉向。

Check

烤箱的溫度設定為低溫,仔細確實地烘烤牛肉。

靜置

6

輕壓牛肉並觀察牛肉的彈性,來判斷是否烘烤完成。從烤箱中取出牛肉之後,以鋁箔紙包住牛肉,放置於溫暖處 30 ~ 40 分鐘。

7

將烤牛肉切成 1mm 厚的薄片。在盤子上擺 9 ~10 片,再淋上燻製醬油與 PX 雪莉酒醬汁。放上西洋山葵醬,再撒上巴西利。

SAUCE RECIPE

燻製醬油與 PX 雪莉酒醬汁

材料(1 盤份)
燻製醬油……20ml
味霖……5ml
甜雪莉酒……5ml
檸檬汁……5ml
米醋……5ml
白蘿蔔泥……適量
燻製用木屑……適量

作法
1 製作煙燻醬油。以燻製器燻製醬油 20 分鐘。將燻製用木屑放進中華炒鍋內,開啟火源。等到冒出燻煙時,再將以容器盛裝的醬油放進鍋內,蓋上鍋蓋後以燻香來燻製醬油。待醬油冷卻之後再使用。
2 將味霖及雪莉酒放進鍋內,加熱至酒精揮發。
3 把煙燻醬油混合步驟 2 的雪莉酒、檸檬汁、米醋。
4 再將細緻的白蘿蔔泥放進醬汁裡混合。

12

FRENCH BAR RESTAURANT
ANTIQUE

『烤和牛骰子肉
根芹菜鮮奶油與洋蔥麵包棒』

「牛肉經熟成及低溫調理之後，
再以稻稈煙燻來增添香氣，
製作出法式烤牛肉」

先將牛肉靜置於 15℃的酒窖內一天，濃縮牛肉的鮮味。之後再將牛肉與香料植物一起真空包裝，冷藏一天。只要以 58℃的恆溫加熱水槽低溫調理，將牛肉中心加熱到呈現玫瑰粉色時，即完成了事前準備。在接下來的這個步驟，是為了讓烤牛肉具有個性，因此大町主廚以焚燒的稻稈來煙燻牛肉表面。使用以 18 公升的方型鐵桶所改造而成的自製稻稈煙燻器，將取自農家的稻稈塞進鐵桶中再點火。將牛肉放在濃濃煙霧冒出的地方，以焚燒的稻稈直接炙燒牛肉，香味迷人的牛肉烤痕上多了稻稈的香氣，完成了一道充滿野趣的烤牛肉。

運用了唯有低溫調理才可得到的柔嫩口感，將牛肉切成了口感十足的大骰子形，而根芹菜奶油霜以及法式清湯凍則是更增添了舌尖的觸感。此餐廳設計出的法式風格的餐酒館料理，即使是 A La Carte 式自選組合套餐的分量，就算吃到最後一樣也不會讓人覺得膩。

主廚
大町誠
MAKOTO OOMACHI

1980 年出生於兵庫縣明石市。於明石市的「Enchante」、神戶的「Gueule」等餐廳工作後，2006 年自立門戶，經營店面約三年的時間。2011 年「ANTIQUE」成立後就任主廚一職。這間法式餐館到了深夜也一樣能夠輕鬆愉快地享受料理，在同業間也非常受到歡迎。

ROAST BEEF INFO

價格：2000 日圓（未稅）
牛肉：和牛後腿肉根部
加熱方法：恆溫加熱水槽→以稻稈燻燒
醬汁：根芹菜奶油霜、法式清湯凍

切成骰子狀不僅有口感，也很有個性

烤和牛骰子肉
根芹菜鮮奶油與洋蔥麵包棒

材料

烤牛肉（約 6 盤份）

和牛後腿肉根部⋯⋯300g

30% 的海藻糖鹽（1kg 的鹽巴比 30% 的海藻糖）
　⋯⋯適量

月桂葉⋯⋯1 枚

丁香⋯⋯2 ～ 3 粒

百里香⋯⋯2 根

鹽巴、黑胡椒⋯⋯適量

盛盤（1 盤份）

烤牛肉⋯⋯約 50g

根芹菜奶油霜（P89）⋯⋯3 ～ 4 大匙

法式清湯凍（P89）⋯⋯3 大匙

肥肝醬凍派 ※⋯⋯約 10g

洋蔥麵包棒 ※⋯⋯3 根

葉子⋯⋯適量

※ 肥肝醬凍派

材料（擺盤用量）

鴨肥肝⋯⋯1 顆

以下為 1kg 肥肝的比例

鹽巴⋯⋯13.5g

砂糖⋯⋯1g

白胡椒⋯⋯2g

干邑白蘭地、白波特酒⋯⋯各 30ml

作法

1　將肥肝清理乾淨，把所有材料放進袋子裡真空包裝。

2　放入 55℃的恆溫加熱水槽 15 ～ 20 分鐘

3　從袋子裡取出肥肝醬，輕輕切除油脂，將肥肝醬塑形。

※ 洋蔥麵包棒

材料（準備用量）

洋蔥⋯⋯200g

低筋麵粉⋯⋯300g

發粉⋯⋯2 小匙

蒔蘿⋯⋯1 撮

粗磨黑胡椒、鹽巴⋯⋯少許

作法

1　使用 Robot-Coupe 食物調理機攪拌洋蔥，變成液體之後再加入低筋麵粉、發粉，再以調理機攪拌。

2　加入蒔蘿、鹽巴、黑胡椒粒之後揉勻，揉成糰之後靜置一天。

3　將麵糰擀平並切條，以 175℃的烤箱烘烤約 20 分鐘。

醃漬

1

用海藻糖鹽搓抹和牛臀肉，將牛肉放在網子上之後再放進 15℃的酒窖內 24 小時。

Check

利用鹽分脫水、糖分保溼這兩者並立的作用，讓牛肉的鮮味濃縮。由於海藻糖的甜度比砂糖少一些，因此使用海藻糖作為糖分。※ 必須妥善管理

Check

2

牛肉擦拭過後與香料植物一同真空包裝，放進冰箱裡冷藏 24 小時。

Check

香料植物的香氣漸漸移轉的同時，牛肉也慢慢地熟成。

以恆溫加熱水槽加熱

3

讓牛肉回溫,再將牛肉放入 58℃的恆溫加熱水槽內約 1 小時。右下方的照片為牛肉加熱後從袋中取出的模樣。

Check

為了方便之後再加熱,目標是要讓中心溫度暫時達到 50℃。50 分鐘左右過後查看牛肉的樣子,若是加熱不足就延長加熱時間。

為了能以目標的溫度平均地導熱,因此採用恆溫加熱水槽。由於恆溫加熱水槽很輕便,因此不會壓縮了廚房的空間,能夠應付少量的點餐也是其優點。

Check

以焚燒的稻稈炙燒

Check

4

把牛肉放在網子上,以焚燒的稻稈均勻地炙燒牛肉各面。

Check

使用低溫調理的話,食材的口感容易變得單調,品嚐一半時便會讓人覺得吃膩了。因此加上了稻稈的香氣,賦予深刻的印象及個性。因為想出了這個點子,即使是 A La Carte 自選組合套餐的分量,客人依舊能夠品嚐到最後一道料理。炙燒所用的工具,是將 18 公升方型鐵桶的底部打洞後,自製而成的稻稈炙燒專用桶。一開始只會有煙霧冒出,所以將牛肉放在上面煙燻(上圖),等到火冒出來之後,便可均勻地炙燒整塊牛肉(右圖)。

靜置於常溫底下

5

等到牛肉表面皆均勻地炙燒到上色時，即可以鋁箔紙包住牛肉，靜置於常溫底下 10 分鐘。之後，若距離供應烤牛肉還有段時間的話，就將牛肉放在瓦斯爐附近等溫暖之處（若間隔的時間太長，就先將牛肉冷藏，之後再將牛肉放在溫暖之處回溫）。

Check

牛肉中心的溫度會從 50℃開始上升，在焚燒的稻稈炙燒以及保溫的過程中，中心的溫度大約要上升至 58℃。若牛肉為 300g 重時，讓肉汁回流到牛肉裡直到加熱結束的這段時間大約需約 10 分鐘。58℃為牛肉燒烤至五分熟時的中心溫度。由於最後的步驟會將牛肉切成骰子狀，所以牛肉目標的熟度是要比三分熟更有嚼勁的狀態。

Check

切塊

6

將牛肉切成 1.5cm 大的骰子形。

完成

7

在步驟 6 的牛肉塊上撒鹽巴、胡椒。

8

用湯匙舀起根芹菜奶油霜，再把以打奶泡器攪拌過的法式清湯凍放在奶油霜上面。

9

放上切成 1.5cm 大的骰子形肥肝醬、步驟 6 中的烤牛肉。撒上葉子並擺上麵包棒。

根芹菜奶油霜

材料（製作量）
根芹菜（切片）……1 根
奶油……適量
雞高湯……700ml
鮮奶油……600ml
鹽巴……適量
牛奶……適量

作法
1 用奶油拌炒根芹菜，等到根芹菜變成半透明時再加入雞高湯、鮮奶油，煮到湯汁變得濃稠滑潤。
2 用果汁機攪碎之後過濾。
3 要上菜時再以 30g 的步驟 2 比上 15ml 的牛奶，將兩者調勻（a、b）後以鹽巴調味。

a

b

法式清湯凍

材料
牛筋、小牛骨、雞粉、調味蔬菜、法式香草束（bouquet garni）、龍蒿等香料植物、白蘭地、鹽巴……皆適量

作法
1 把所有的材料熬成湯汁，過濾之後以鹽巴調味，再放進冰箱冷卻。上菜前再使用打奶泡器攪拌（a）。

a

13

那須高原的餐桌 NASUN 之屋

『NASU 之屋 特製烤牛肉』

「搭配三種醬料，
品嚐有著絕頂鮮味的那須和牛」

此餐廳於 2016 年 2 月開幕，專門使用**栃木縣**那須高原的特產。黑毛和種的那須和牛被譽為高級牛肉，紋理細膩且味道豐厚，嘴裡所品嚐到絕頂的鮮味，正是那須和牛的特徵。這樣的特徵非常容易讓人注意到，因此將那須牛用於製作烤牛肉餐點供應。

烤牛肉使用的部位為內後腿肉。將牛肉表面煎烤上色之後，再將牛肉真空包裝，並放進 65℃～ 68℃的熱水中，加熱 50 分鐘。切片時以逆紋方向切斷牛肉的纖維，以方便咀嚼食用，並同時提供三種醬料來搭配。

搭配的醬料為和風果醋醬、芝麻胡桃醬及特製醬油醬汁。將整理後腿肉的形狀時所切下的筋膜下鍋煎烤，再加上醬油、味霖、酒以及砂糖，熬煮出特製的醬油醬汁。上菜前將烤牛肉撒上山椒粉，可使味道更加突出。此外，此餐廳還在菜單上設計了一道「烤牛肉握壽司」（5 貫），活用了烤牛肉鮮嫩柔軟的肉質，將烤牛肉放在以高湯炊煮的米飯上做成了握壽司。

常務董事
石川寬倫
HIRONORI ISHIKAWA

出生於栃木縣矢板市。曾從事餐飲店顧問，後 2016 年 2 月，「那須高原的餐桌 NASU 之屋」於東京銀座開幕。

ROAST BEEF INFO

價格：1800 日圓（120g）（未稅）
牛肉：那須和牛的內後腿肉
加熱方法：平底鍋加熱→真空包裝＋隔水加熱
醬汁：醬油醬汁、芝麻胡桃醬、和風果醋醬

善加利用紋理細膩的肉質，同樣也能做成握壽司

NASU 之屋　特製烤牛肉

材料

烤牛肉

那須和牛內後腿肉……600g ～ 1000g
鹽巴……適量
胡椒……適量
沙拉油……適量

盛盤（1 盤份）

烤牛肉……120g
水芹……適量
西洋山葵……適量
醬油醬汁……適量
芝麻胡桃醬……適量
和風果醋醬……適量

醃漬

1

以一塊重量在 600g ～ 1000g 之間的內後腿肉來料理。牛肉去除筋膜及油脂後，再將表面撒滿鹽巴及胡椒，放置於常溫底下 1 小時。切下來的筋膜將會運用在特製醬油醬汁的製作。

煎烤表面

2

將沙拉油倒入平底鍋內，煎烤醃漬過的牛肉，直到表面上色。

隔水加熱

3

將牛肉真空包裝，並放入維持在65℃～ 68℃的熱水中 50 分鐘。

Check

從牛肉滲出的肉汁原本是混濁的，等到湯汁變得透明清澈時，便是將牛肉從熱水中取出的時機點。

急速冷卻

4

從熱水中取出牛肉之後,再將牛肉放入冰水裡冷卻。浸泡20～30分鐘,使之完全冷卻。

切片

5

從袋子裡取出烤牛肉,並用廚房紙巾擦拭表面的水分。先將牛肉切對半,再以逆紋方向切斷牛肉的纖維,將牛肉切成 2 ～ 3mm 厚的肉片。此外,真空包裝後隔水加熱的袋子裡所殘留的肉汁,並不會用在其他用途。

Check
午餐時段供應的「那須和牛的烤牛肉漆器餐盒」,同樣也是客人點餐後才會將烤牛肉切片。

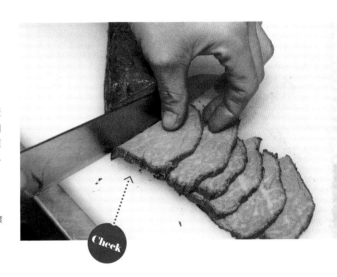

Check

SAUCE

三種醬料

由右至左分別為醬油醬汁、芝麻胡桃醬、和風果醋醬。將清理牛後腿肉時所切下的筋膜下鍋煎炒,再加上醬油、味霖、砂糖及日本酒熬煮,等到醬汁變濃稠之後就完成了醬油醬汁。上菜之前,還會在醬油醬汁裡撒上山椒粉。此醬油醬汁同樣會隨「烤牛肉握壽司」(右圖)一起提供。

烤牛肉料理的創意菜單

那須和牛的烤牛肉握壽司
(5 貫)1200 日圓(未稅)

那須和牛內後腿肉的肉質柔軟且容易入口,所以活用了這樣柔軟的肉質,將烤牛肉也以握壽司的形式提供給客人。握壽司使用的米飯並非醋飯,而是搭配上以高湯炊煮的米飯,讓客人在食用時能夠咀嚼到那須和牛的味道。以牛筋肉熬製的醬油醬汁是用來搭配單品的烤牛肉,同樣也會用來搭配烤牛肉握壽司。

DON CAFE ★36

『亞洲風味烤牛肉』

> 「與烤牛肉一同品味這道料理中
> 各式食材的口感與香氣。」

　　擺上芫荽與魚露，讓這道烤牛肉多了亞洲風味，而醬汁則使用了西洋山葵混上酸奶油醬。將高營養價值的藜麥、印加果油、扁桃仁等超級食物入菜，也是吸引女性顧客的一大重點。這一盤裡有著各式各樣的食材香氣與口感，因為藜麥與烤牛肉的口感相當搭配，所以與烤牛肉一同品嚐時，藜麥會帶出烤牛肉的味道，並不會像單獨食用時那樣地注意到它的存在。雖然使用了芫荽，但因為配合上萊姆及酸奶油的酸味，因此降低了芫荽的菜澀味。

　　選用的牛肉為混種（F1）牛肉的內後腿肉，因為看上了此種牛肉油脂少且瘦肉的味道也比進口牛肉的味道好，因此選擇使用混種（F1）牛肉。先以平底鍋煎烤牛肉表面，再以160℃的烤箱加熱，使表面2mm厚的肉呈現烤色、中間為一分熟的色澤，待牛肉中心的溫度到達49℃～50℃後，再使用鋁箔紙包住烤牛肉，以餘溫來加熱。

主廚兼負責人
大塚雄平
YUHEI OTSUKA

曾經於法國「BUEREHIESEL」（時為米其林三星餐廳）、德國三星主廚Eckart Witzigmann所創立的「丸之內Terrace」，以及千葉的「Restaurant oreaji」工作，並在2013年於千葉的幕張本鄉開張「wine 酒吧 estY」。2015年時開張2號店「DONCAFE36」。

ROAST BEEF INFO

價格：850日圓（含稅）
牛肉：國產牛內後腿肉（F1混種牛）
加熱方法：平底鍋加熱→烤箱
醬汁：西洋山葵與檸檬奶油霜

超級食物＋烤牛肉

亞洲風味烤牛肉

材料
烤牛肉
日本產牛肉後腿肉……300g
鹽巴……適量
胡椒……適量
沙拉油……適量

盛盤（1 盤份）
烤牛肉……60g
西洋山葵與檸檬奶油霜（P97）……適量
藜麥（汆燙過）※……30g
芝麻菜的花芽……適量
萊姆……1/4 顆
芫荽……4 根
羅勒葉……3 片
扁桃仁（烘烤過）……5 粒
魚露……適量
粉紅胡椒粒……適量
印加果油……適量

※ **藜麥**
以三倍的水量加上少許的鹽巴水煮藜麥。等到藜麥變軟之
後即可關火。

塑形

4
切下牛肉的筋膜、油脂部分，整理牛肉的形狀。

以平底鍋煎烤

2
在牛肉的表面撒上鹽巴、胡椒。將沙拉油倒入平底鍋內，將牛肉表面煎烤到上色。以大火迅速地煎烤加熱，使牛肉會變色的部分變薄。

移到烤箱內

3
將表面煎烤過的牛肉放在網子上，並且放進 160℃的烤箱裡 15 ～ 20 分鐘。

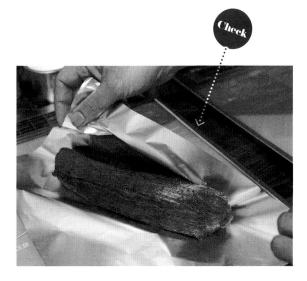

Check

靜置

4

等到牛肉中心溫度到達 49°C～ 50°C
後，再使用鋁箔紙包住烤牛肉，靜置
約 15 ～ 20 分鐘，靜置的時間與烤
箱烘烤的時間一樣。

Check
輕輕地以鋁箔紙包住牛肉，讓牛肉的蒸氣散
掉。

Check

盛盤

5

將以鹽水汆燙過的藜麥盛盤，再放上切成八片的烤牛
肉，每一片烤牛肉上都滴上 2 ～ 3 滴的魚露。撒上
芫荽與羅勒葉，還有粉紅胡椒粒。將萊姆榨成汁，再
將印加果油淋在藜麥上面。把西洋山葵與酸奶油分成
4 ～ 5 份，分別放在盤子各處。撒上切成粗顆粒的扁
桃仁，再擺上芝麻菜的花芽。

Check
使用這些不僅僅色彩繽紛，連口感也都相當豐富的食材來搭配烤牛
肉。

SAUCE RECIPE

西洋山葵與檸檬奶油霜

材料
西洋山葵……5g
檸檬……1/2 顆
酸奶油……100g
鹽巴……適量
胡椒……適量

a

作法
1 先將西洋山葵磨成泥。因為只是切碎的話，並
　不會釋出辛辣的味道，所以要將西洋山葵磨
　泥。
2 把步驟 1 的西洋山葵移到碗裡，加上檸檬汁、
　酸奶油後攪拌混合（a）。
3 以鹽巴及胡椒調味。

14
DON CAFE ⋆36
『低溫烤牛肉蓋飯』

「以蒜味白飯提振食慾的蓋飯」

　　將 P94 中「亞洲風味烤牛肉」使用到的烤牛肉改造成烤牛肉蓋飯。為了能讓牛肉本身的纖維帶出牛內後腿肉的瘦肉風味，因此使用的米飯並非為白飯，而是大蒜風味的米飯，以凸顯出蓋飯的特徵。蒜味米飯強調奶油的風味，為了能夠享受到濃郁的味道及香氣，因此選用發酵奶油。最後還添加上大蒜及醬油的香味，並撒上辣椒絲與白芝麻，還有帶著清爽酸味及香氣的西洋山葵與檸檬奶油霜。

　　這碗蓋飯就算冷著吃也非常美味，所以不僅能夠當成正餐，還能夠當成下酒菜，配著啤酒或白酒一起享用。

主廚兼負責人
大塚雄平
YUHEI OTSUKA

ROAST BEEF INFO

價格：1300 日圓（含稅）
牛肉：國產牛內後腿肉（F1 混種牛）
加熱方法：平底鍋加熱→烤箱
醬汁：西洋山葵與檸檬奶油霜

也能當成下酒菜的烤牛肉蓋飯！

低溫烤牛肉蓋飯

材料
烤牛肉
日本產牛內後腿肉……300g
鹽巴……適量
胡椒……適量
沙拉油……適量

盛盤（1 盤份）
烤牛肉……80g
西洋山葵與檸檬奶油霜（P100 下方）……適量
白飯（炊煮好）……250g
大蒜（切碎）……1/2 片
醬油……少許
日本酒……少許
發酵奶油……適量
鹽巴……適量
胡椒……適量
青蔥（切末）……10g
蔥白絲……適量
白芝麻……適量
辣椒絲……適量
麻油……適量

塑形

1

切下牛肉的筋膜、油脂部分，整理牛肉的形狀。

以平底鍋煎烤

2

在牛肉的表面撒上鹽巴、胡椒。將沙拉油倒入平底鍋內，將牛肉表面煎烤到上色。以大火迅速地煎烤加熱，使牛肉變色的部分變薄。

移到烤箱內

3

將表面煎烤過的牛肉放在網子上，並且放進160℃的烤箱裡 15 ～ 20 分鐘。

SAUCE RECIPE

西洋山葵與檸檬奶油霜

材料
西洋山葵……5g
檸檬……1/2 顆
酸奶油……100g
鹽巴……適量
胡椒……適量

作法
1 先將西洋山葵磨成泥。因為只是切碎的話，並不會釋放出辛辣的味道，所以要將西洋山葵磨泥。
2 把步驟 1 的西洋山葵移到碗裡，加上檸檬汁、酸奶油後攪拌混合。
3 以鹽巴及胡椒調味。

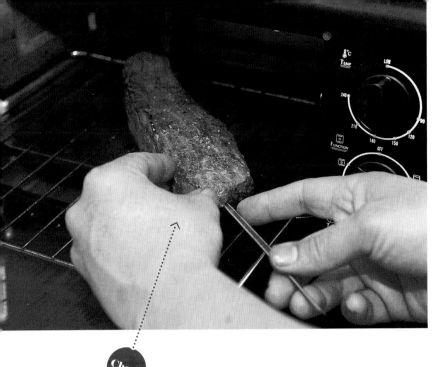

Check

靜置

4

等到牛肉中心溫度到達 49℃～ 50℃
後，再使用鋁箔紙包住烤牛肉，靜置
約 15 ～ 20 分鐘左右，靜置時間與
烤箱烘烤的時間一樣。輕輕地以鋁箔
紙包住牛肉，讓牛肉的蒸氣散掉。

Check

測量牛肉中心的溫度，確認烘烤的火候狀態。

蒜味白飯

5

製作蒜味白飯。將發酵奶油放入平底
鍋內加熱，大蒜下鍋拌炒之後再放入
白飯。先以醬油、酒調味，最後再放
入鹽巴、胡椒調味。

Check

為了加強蒜味白飯的濃郁味道及香氣，因此使
用發酵奶油。

Check

完成

6

將蒜味白飯盛盤，再擺上切成片的烤
牛肉。放上蔥白絲、蔥末、白芝麻，
再淋上一圈麻油。放入西洋山葵與檸
檬奶油霜，最後以辣椒絲來裝飾。

義式餐酒館 HYGEIA 赤坂店

『烤牛肉蓋飯』

「味道濃厚卻又清爽的醬汁，
勾引出牛瘦肉的鮮甜味」

HYGEIA 赤坂店以每盤 1200 日圓的合適價格供應烤牛肉，讓客人能輕鬆享受這道義式餐酒館的人氣料理，午餐時段也同樣會以蓋飯的形式供應烤牛肉。先以平底鍋煎烤澳洲牛後腿肉的表面，再將牛肉真空包裝並放進熱水中隔水加熱。無需耗費任何功夫，如此便能輕鬆上菜。

將烤牛肉切成薄片後先淋上醬汁，再將烤牛肉擺在熱騰騰的白飯上頭，就像要將這高高隆起的白飯包覆住，然後從上方再次淋上熱呼呼的醬汁。搭配上熱騰騰的醬汁後，溫熱的烤牛肉與熱騰騰的白飯成為絕佳搭配。晚上供應下酒菜的烤牛肉時，也會一併提供此醬油醬汁。雖然是以醬油為底的配飯醬汁，但因為加上了蜂蜜的甜味以及巴沙米可醋，而成了甜辣中帶著清爽口感的醬汁，所以與單品的生菜盤一起享用時也同樣美味。

常務董事
早矢仕友也
TOMOYA HAYASHI

曾於 Global-Dining、AVEX 的餐飲事業部工作，最後獨自創業。「HYGEIA」除赤坂店，尚有高田馬場店。亦擔任餐飲店的業務委託、顧問。

ROAST BEEF INFO

價格：午餐時段 1000 日圓（含沙拉吧、附飲料），午餐
　　　時段外帶為 800 日圓，晚餐時段為 1200 日圓（未稅）
牛肉：澳洲牛後腿肉
加熱方法：平底鍋加熱→真空包裝＋隔水加熱
醬汁：以醬油為底的醬汁

就連女性顧客也都喜愛的滑順口感

烤牛肉蓋飯

材料
烤牛肉
澳洲牛後腿肉……5kg
鹽巴……適量
胡椒……適量
沙拉油……適量

盛盤（1盤份）
烤牛肉……120g
白飯……180g
青蔥……適量
白蘿蔔泥…適量
以醬油為底的醬汁……適量

切除油脂

1

切除牛後腿肉的筋膜及油脂部分。部分的牛脂使用於製作咖哩。

以平底鍋煎烤

2

牛肉表面撒上鹽巴及胡椒，以預熱過沙拉油的平底鍋煎烤牛肉表面。

隔水加熱

3

將煎烤後的牛肉真空包裝，放進70℃的熱水裡90分鐘。

放進冰箱冷藏

4

從熱水中取出牛肉，待牛肉溫度降至常溫之後，放進冰箱冷藏半天。

SAUCE

以醬油為底的醬汁

此醬汁是將洋蔥拌炒後加入鹽巴、胡椒，再加入醬油、焦糖化反應後的蜂蜜、或是巴沙米可醋。味道雖然濃郁，也有著清爽的酸味，使得牛瘦肉的風味更加深厚。淋在蓋飯上的是溫熱的醬汁，因此與白飯、烤牛肉的口感相當一致。

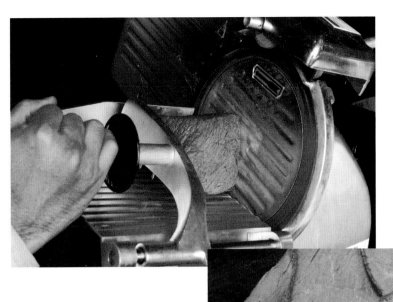

切片

5

從冰箱取出牛肉，置於常溫下回溫之後再以切肉片機切成薄片。只切當天使用的量，一片的厚度為 1.5mm。烤牛肉兩端的碎肉可利用來製作麻婆豆腐。

盛盤

6

以容器盛裝熱飯，再擺上烤牛肉、切成末的青蔥、白蘿蔔泥，並淋上溫熱的醬汁。

Check

在盛飯前才切成薄片的烤牛肉片淋上熱騰騰的醬汁，會與溫熱的白飯相當搭配。

Check

創意烤牛肉料理

自製烤牛肉 800 日圓（未稅）

晚上的時間同樣會以單點的餐酒館料理提供烤牛肉。許多人喜歡將這道料理當作下酒菜，搭配著啤酒、白酒一同享用。醬汁與「烤牛肉蓋飯」的醬汁一樣，不過是以冷醬的形式淋在烤牛肉上。

16
DON YAMADA
『烤牛肉蓋飯』

「融合了肉汁醬、 馬鈴薯 ESPUMA 等 各式各樣的風味」

雖然牛排蓋飯才是招牌料理，但這間店同樣有供應烤牛肉蓋飯。11 點 30 分為開店營業的時間，因此 11 點時便要將牛肉烘烤完畢，讓牛肉可靜置 30 分鐘，開店時便能端上剛出爐的熱騰騰烤牛肉蓋飯。因為是剛出爐的烤牛肉，所以是以手工一片一片地將牛肉切成片。

烤牛肉使用的部位為牛後腰脊肉。留下適當的脂肪後再下鍋煎烤，將這層脂肪當作是牛肉在接觸熱源時的緩衝。與烤牛肉一起煎烤的蔬菜、沾附在鐵板上的肉汁加上紅酒一同熬煮，做成了淋在烤牛肉上頭的肉汁醬。另外，此店還發揮了創意，將烤牛肉擺盤時常用到的馬鈴薯泥做成了馬鈴薯 ESPUMA。加上白松露油可提升馬鈴薯 ESPUMA 的風味，奶泡狀的馬鈴薯 ESPUMA 也能當成是烤牛肉的醬料。不論是肉汁醬或是馬鈴薯 ESPUMA，都是以溫熱的狀態來搭配烤牛肉。

總料理長
山田宏巳
HIRO YAMADA

ROAST BEEF INFO

價格：1500 日圓（附上以大量鎌倉蔬菜製作的義式蔬菜湯（Minestrone））（未稅）
牛肉：美國 AURORA 牛後腰脊肉
加熱方法：平底鍋加熱→烤箱
醬汁：肉汁醬、馬鈴薯 ESPUMA

1953 年出生於東京淺草。18 歲時踏入義式料理界，1995 年開設「Ristorante HIRO」。2000 年於沖繩舉行 G8 高峰會時，擔任義大利首相的專屬料理人。2009 年，以代表之一的身分參加聖塞巴斯提安美食會。2010 年，開張了由他自己負責製作、招待的小小秘境「HiRosofi 銀座」。

以剛出爐的溫度供應

烤牛肉蓋飯

材料

烤牛肉

牛後腰脊肉……1.3kg

鹽巴……適量

黑胡椒……適量

沙拉油……適量

洋蔥……適量

紅蘿蔔……適量

西洋芹的莖與葉……適量

大蒜……1/2 顆

盛盤（1 盤份）

烤牛肉……95g

白飯……150g

辣根（磨泥）……適量

蛋沙拉 ※……適量

蔥絲……適量

水芹……適量

馬鈴薯 ESPUMA（P111）……適量

夏季松露……適量

鹽巴……適量

肉汁醬（P111）……適量

※ **蛋沙拉**

使用蛋黃味道濃厚的神奈川縣伊勢原市「壽雀卵」，
並使用了以同樣的雞蛋所製作出的美乃滋，並加上
白松露油，料理出味道香濃的蛋沙拉。

塑形

1

於煎烤牛肉前、提早約 3 個小時前將牛肉
從冰箱取出，使牛肉回溫。留下部分油脂，
切除其餘的油脂，整理好牛肉的形狀之後再
以棉繩綑綁牛肉。

Check

留下少許的油脂，可做為煎烤牛肉時的緩衝，使牛肉緩
和地受熱。因此不要切掉太多油脂。

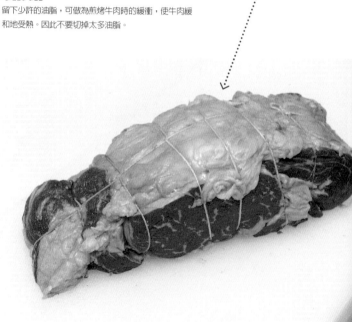

2

將整塊牛肉撒上鹽巴、胡椒，以手按
壓使調味料入味。

煎烤表面

3

預熱沙拉油，以大火煎烤牛肉的表面。用湯匙舀起平底鍋裡的油，將油淋在牛肉上面，均勻地煎烤牛肉的每一面。

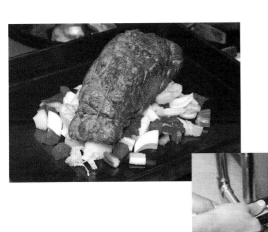

移至烤箱

4

將隨意切碎的洋蔥、紅蘿蔔、西洋芹的莖與葉、橫切的大蒜株放在鐵板上，再放上煎烤過表面的烤牛肉，並在牛肉上面淋上少許的沙拉油。一開始以 220℃烘烤 8 分鐘，之後調降為 180℃，烘烤的過程中要不停地變換牛肉的方向。烘烤至牛肉中心的溫度到達 53℃，約烘烤 27 分鐘。

靜置

5

將牛肉從烤箱中取出，再以鋁箔紙包覆，靜置於溫暖之處約 30 分鐘。

切片

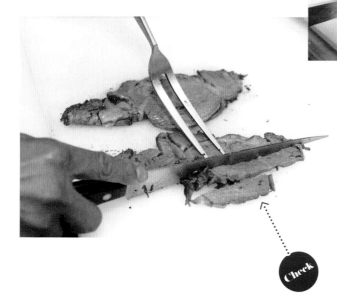

6

牛肉靜置後，以順紋的方向切成肉片。再將每一片肉片以稍微逆紋的角度切成條狀。

Check

因為是趁著牛肉還溫熱時切成薄片，所以無法使用切肉片機，而是以手工切片。以稍微逆紋的角度切肉，切成吃起來帶有嚼勁的條狀。

完成

7

將以陶鍋炊煮過的白飯盛裝於盤子中間，並使用圓形模型將白飯堆成圓形，再放上烤牛肉片，將白飯整個包覆住。把肉汁醬淋在烤牛肉上面，再撒上少許的鹽巴。擺上蛋沙拉及馬鈴薯 ESPUMA。最後將松露磨成泥，淋在馬鈴薯 ESPUMA 上面。

SAUCE RECIPE

肉汁醬

材料
烤牛肉時的蔬菜（參考 P109 步驟 4）……適量
紅酒……適量
烤牛肉在靜置時流出的肉汁（參考 P109 步驟 5）……適量
水……適量
胡椒……少許
玉米粉……適量

a

b

c

d

e

作法

1　將烤牛肉時的蔬菜移到鍋子裡。
2　把紅酒倒在烤牛肉時使用的鐵板上，使用木鏟將沾黏在鐵板上的肉汁刮下，再倒入步驟 1 的鍋子裡（a、b）。
3　以小火熬煮，等到味道都熬出來之後，再用篩網過濾（c）。
4　以小火烹煮，邊試味道，邊使醬汁入味（d）。

Check
到此步驟為止就是一直加上材料來製作出需要的分量。

5　以調水後的玉米粉水來勾芡。然後再加上牛肉在靜置時流到鋁箔紙上面的肉汁（e），並加上胡椒。

Check
牛肉醃漬後的鹹味會跑到蔬菜裡頭，所以不用再加鹽巴。因為是蓋飯用的醬汁，所以使用玉米粉水勾芡，讓白飯能夠沾裹上醬汁。

SAUCE RECIPE

馬鈴薯 ESPUMA

材料 (製作量)
馬鈴薯……100g
水煮馬鈴薯的水……40ml
鮮奶油……48ml
橄欖油……10ml
白松露……2g
鹽巴……適量

作法

1　馬鈴薯削皮之後以鹽水水煮。
2　把水煮後的馬鈴薯、水煮馬鈴薯的水、鮮奶油、橄欖油、白松露放進食物調理機裡攪拌。
3　使用細篩網過篩，放進製作 ESPUMA 的容器裡。以 60℃的熱水隔水預熱 ESPUMA 的容器。

17

BAR TRATTORIA
TOMTOM 東向島店

『烤牛肉義大利麵』

> 「以浸泡牛油的低溫加熱方式
> 將肉汁完整保留，
> 同時讓牛油的鮮味包覆住牛肉」

烤牛肉之下所覆蓋的，竟然會是義大利麵！因為看到了姊妹店所推出的烤牛肉蓋飯大受歡迎，而有了「做一道沒人做過的料理」的發想，設計出極具個性的菜單。目標要讓這一道料理受到主要的女性客戶層的支持，因此結合了葉菜類蔬菜，製作出口感清爽的沙拉風義大利麵。義大利麵味道的基底為搭配生菜沙拉的洋蔥沙拉醬，再將添加了辣根辛辣感的柔順美乃滋淋在上頭，創造變化。在開發菜單時也嘗試過香辣茄醬義大利麵（義：Penne all'arrabbiata）等等的味道，但還是覺得樸素的口味才最能勾引出烤牛肉的美味。此餐廳的烤牛肉是將牛肉浸泡於融化的牛油裡，以低溫加熱至中心溫度到達50℃左右，這樣的作法也是此道料理的特徵。如此做的目的，是為了抑制牛肉流出肉汁，以及將牛瘦肉補貼上牛油的鮮甜。這樣的方法以及溫度的設定下所製作出的烤牛肉帶著一分熟口感，並濃縮了鮮味的濃厚風味。

負責人
鈴木忠曉 (左)
TADAAKI SUZUKI

料理長
長岡賢司 (右)
KENJI NAGAOKA

負責人鈴木先生 1968 年出生於東京。1992 年將咖啡廳整修改成義式料理餐館，自店面開幕後料理店面事務，現在亦統籌 TOMTOM 六間店面的一切事務。料理長長岡先生 1978 年出生於埼玉縣。於義大利麵館累積三年工作經驗後，自2003 年起於此店工作。2012 年擔任料理長，讓客人能輕鬆愜意地享受正宗的義式料理。

ROAST BEEF INFO

價格：午餐為 1400 日圓（含稅），從副菜單上面的沙拉、湯品、麵包／白飯、飲料之中選擇三樣。晚餐為 1400 日圓（未稅）。
牛肉：美國牛肩胛肉
加熱方法：牛油浸煮→以平底鍋加熱
醬汁：洋蔥沙拉醬、西洋山葵沙拉醬

烤牛肉＋沙拉義大利麵的創新組合

烤牛肉義大利麵

材料

烤牛肉
美國牛肩胛肉……700～800g
鹽巴……牛肉重量的 1.7%
砂糖……牛肉重量的 3.4%
牛油……適量

盛盤（1 盤份）
烤牛肉……100g
義大利麵……90g
綜合生菜沙拉 ※……適量
TOMTOM 沙拉醬（P116）……適量
西洋山葵沙拉醬（P117）……適量
蛋黃……1 顆
蒜酥 ※……適量
帕馬森起司（粉狀）……適量
黑胡椒……適量
頂級冷壓初榨橄欖油……適量

※ **綜合生菜沙拉**
將萵苣、紅葉萵苣、菊苣切成方便入口的小碎丁狀，再加上切成薄片的紫洋蔥。

※ **蒜酥**
將大蒜切末，以沙拉油油炸至口感變得酥脆。

浸泡在牛油裡，以低溫油泡

2

以餐巾紙擦拭掉牛肉表面的水分，將牛肉浸泡在融化的牛油裡，並將牛油的溫度維持在 70℃，加熱至牛肉中心溫度到達 50～52℃（約 20 分鐘）。中心溫度依牛肉塊的形狀來調整，溫度範圍為 50～52℃。一邊加上整理牛肉形狀時所切下的油脂與筋膜，一邊加熱融化的牛油。牛油的量不夠淹蓋過牛肉時，就加上沙拉油來調整。

Check
以油封烹調的方式，使用牛油低溫浸煮牛肉的目的有兩個。首先是為了避免牛肉汁流失，讓牛肉的鮮味能保留在肉塊裡。其二是要將牛肉完全浸泡在牛油中，將牛肉完全煮透。為了能以合適的價格供應烤牛肉，因此在選擇牛肉時在等級面上有所限制，以牛油裹滿整個牛肉表面即是為了補足因等級限制而缺少的牛肉鮮味。經過多次的嘗試，由失敗中找到了牛肉適合的 50～52℃的溫度，此溫度可保留住牛肉的鮮味，使烤牛肉鮮嫩又多汁的口感繚繞於舌尖。若牛肉中心溫度低於此，牛肉就會太生，但高於此溫度的話，牛肉便會容易變得乾柴。

醃漬

1

使用一塊約 700～800g 重的美國牛肩胛肉，切除牛肉表面多餘的油脂與筋膜。將鹽巴混上砂糖後搓抹牛肉，再以保鮮膜包住牛肉，放進冰箱冷藏一晚。

Check
由於此店所提供的烤牛肉並不是熱的，所以牛肉上面如果有整塊的牛油，吃起來會讓人覺得油膩。因此要去除油脂，讓烤牛肉在冷食的狀態之下品嚐起來依舊美味。同樣地，牛肉在溫熱的狀態下並不容易感覺到鹽巴的味道，也因為在接下來的步驟中牛油會吸收掉鹽分，所以使用了牛肉重量 1.7% 的鹽巴，撒上大量的鹽巴使味道確實地醃進牛肉。

3

把溫度計插進牛肉塊較厚的部分，達到中心溫度後迅速將牛肉撈起。

靜置於常溫底下

4

將烤牛肉放在鐵盤上，並放置於常溫底下 2～3 小時，直到牛肉摸起來是冷的。

Check

若直接進入下一個煎烤步驟，牛肉就會加熱過度，因此在這個步驟時得先讓牛肉暫時靜置。而且牛肉的肉汁會回流到肉塊中，也能提升牛肉的溼潤度。

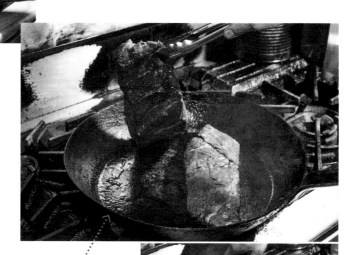

使用平底鍋將牛肉煎烤到表面出現烤紋

5

將步驟 2 的液態牛油倒入平底鍋內，以高溫迅速煎烤牛肉的表面。上下兩面煎烤之後，再將牛肉立起來煎烤其他側面，將牛肉的各個表面都煎上一層香氣十足的外殼。

Check

讓牛肉表面上色是煎烤牛肉的目的，因此以大火快速煎烤，不進行多餘的加熱。

急速冷卻，使餘熱散發

6

當表面都煎上色之後，就將牛肉移到鋪有網子的鐵盤上，並直接放進冷凍庫約 1 小時，讓餘溫散發。牛肉的餘溫都散發後即可從冷凍庫中取出，以保鮮膜及鋁箔紙包裹之後再放進冷凍庫保存。

Check

與步驟 5 一樣都是為了不讓牛肉受到額外的加熱，煎烤後就要馬上放進冷凍庫中讓餘溫散發。

完成

7

將烤牛肉解凍約五成的程度，使用切肉片機將烤牛肉切成薄片。如果將牛肉完整解凍再來切片的話，在切的時候會產生肉屑，而消耗掉烤牛肉片的量，因此才要在半解凍的狀態下切片。於餐廳營業前將牛肉切片，再以保鮮膜覆蓋，放進冰箱保存。

8

客人點餐之後開始煮義大利麵。將切成薄片的烤牛肉從平圓盤的中間交疊鋪平，再將盤子放在瓦斯台上保溫，直到牛肉回溫。

Check

把烤牛肉鋪在平盤上的話，就能讓擺盤變得好看。盛盤時把中間弄成頂點的樣子，不僅看起來好看，而且交疊擺放的烤牛肉片還能將義大利麵完整覆蓋，會是一盤具視覺衝擊效果的烤牛肉義大利麵。

9

把煮好的義大利麵盛盤，再放上綜合生菜沙拉，並淋上 TOMTOM 沙拉醬。

DRESSING RECIPE

TOMTOM 沙拉醬

材料（製作量）
洋蔥……300g
醋……450g
沙拉油……1L
鹽巴……52.5g
白胡椒……0.6g
大蒜……2 瓣
蜂蜜……45g

作法
1 將除了沙拉油以外的所有材料放進食物調理機絞碎。
2 混合之後，慢慢地將沙拉油分次加入攪拌。

Check

10

將步驟 8 中的盤子倒扣，一口氣將烤牛肉扣在義大利麵上。並從上方以線狀淋上西洋山葵沙拉醬。

Check

以濃郁洋蔥香氣的沙拉醬作為烤牛肉的味道基底，能讓烤牛肉品嚐起來清爽無比，而為了讓味道產生變化，因此淋上了兩倍量的奶霜般絲滑的西洋山葵沙拉醬。

蛋黃

11

在正中間放一顆蛋黃，再撒上起司粉、蒜酥。最後撒上磨碎的黑胡椒，並淋上橄欖油。

Check

結合了濃郁的蛋黃，可使這一道料理更有整體感。酥酥脆脆的蒜酥則是增添了口感與風味。

Check

起司粉＆蒜酥

黑胡椒

橄欖油

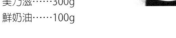

DRESSING RECIPE

西洋山葵沙拉醬

材料（製作量）
西洋山葵泥 ……100g
TOMTOM 沙拉醬
　……200g
美乃滋……300g
鮮奶油……100g

作法
1　將所有材料放進碗裡混合。

18 拳拉麵

『Ajillo 蒜香烤牛肉拌麵』

「繚繞著牛油香氣的 Ajillo 蒜香烤牛肉，與東南洋風味的拌麵一同享用！」

『拳拉麵』使用蒸氣式烤箱製作了五種叉燒，並以獨創的拉麵在拉麵美食街上大獲好評。現在的主打拉麵則是以鹿骨、熟成牛肉的湯頭加上魚頭湯頭的醬油拉麵。Ajillo蒜香烤牛肉使用了熬煮牛骨時煮出來的牛油，有時會將烤牛肉與拌麵（沒有湯的拉麵）搭配組合，以限定拉麵的形式提供給客人。在客席上將石鍋製作的Ajillo蒜香烤牛肉澆在麵上，吸引了店內客人的目光。

牛油較容易沾附在中粗條的捲麵上，而且會與醬油湯底相互融合，吃到最後一口都不會覺得油膩。如果是用橄欖油來製作的話，就會覺得拌麵少了點滋味。將一整塊10kg的牛後腿肉放進蒸氣式烤箱中，以低溫烘烤12小時來製作烤牛肉，因為烤牛肉要與拉麵組合，所以只需些許的調味即可。

店長
山内裕嬉吾
YUKIMICHI YAMAUCHI

曾於京懷石、壽司店工作。曾開過居酒屋，因午餐時段推出的限定拉麵大受好評，後來開了拉麵專賣店。2011年搬遷至現在的地點。

ROAST BEEF INFO

價格：限定菜單
牛肉：美國牛後腿肉
加熱方法：蒸氣式烤箱的烤箱模式
醬汁：無

在客席上將熱騰騰的蒜香牛肉澆在拉麵上

Ajillo　蒜香烤牛肉拌麵

材料

烤牛肉

牛後腿肉……10.6kg

醬油（甜味）……適量

盛盤（1 人份）

烤牛肉……70g

麵（中粗條的捲麵）……180g

醬油湯汁……30ml

蔥油……10ml

粗磨胡椒……適量

辣椒粉……適量

芫荽……適量

紫洋蔥……適量

調味牛絞肉……適量

牛油……40ml

蒜片……適量

紅辣椒（切圓片）……適量

鹽巴……少許

以蒸氣式烤箱烘烤

1

將整塊牛後腿肉直接放進蒸氣式烤箱中。設定為烤箱模式，加熱至牛肉中心以溫度計測量時，中心溫度達到 62℃。由於烘烤的過程中牛肉會流出肉汁與牛油，因此表面不塗抹鹽巴、胡椒。烘烤完成大約需 12 小時。

Check

因為牛肉烤好之後是以切肉片機來切片，不會注意到牛肉筋膜的存在，因此不必取下牛肉的筋膜。雖然有時也會將牛肉切塊之後再烘烤，但因為整塊的牛肉比較不會流出肉汁，所以還是選擇不切開肉直接烘烤。

2

將牛肉從烤箱取出，放置於常溫底下冷卻。牛肉冷卻後再以清水沖掉牛肉表面的雜質。

真空包裝

3

將牛肉塊均分成六等分，並與鹿兒島產的甜味醬油一同真空包裝。放進冰箱一晚，讓味道進入牛肉。

Check

由於這是要蓋在拉麵上面的烤牛肉，為了不干擾拉麵湯頭的味道，因此只使用醬油調上淡淡的味道。

完成

4

將醬油湯汁、蔥油放進碗公，把汆燙好的拉麵瀝乾後再放到碗公。將切碎的芫荽、紫洋蔥細末、調味牛絞肉放在拉麵上，再撒上粗磨胡椒、辣椒粉。

Ajillo 蒜香油烹

5

先把 40ml 的牛油放入石鍋，再放入蒜片、辣椒及鹽巴，然後開火加熱。等到蒜片的顏色改變之後，將切成薄片的烤牛肉放進石鍋內，迅速地將牛肉片與牛油攪拌在一起。

上菜

6

在客席上，將剛完成的熱騰騰 Ajillo 蒜香烤牛肉澆在擺好的麵料上，均勻攪拌之後即可享用。

Check

附上以醃製生哈瓦那辣椒所製成的自製哈瓦那辣椒醋，推薦各位品嚐至一半時淋上此辣椒醋，可以享受到味道的變化。

19

Fruits Parlor Sun Fleur

『烤牛肉三明治』

「藉由鳳梨酵素的效果，
烤出軟嫩的牛肉」

　　Fruits Parlor 在製作烤牛肉時使用了鳳梨，做出了
Fruits Parlor 風格的烤牛肉。將含有大量蛋白質分解酵
素的鳳梨放在牛肉上面進行烘烤，使烤出爐的牛肋眼肉
變得柔嫩無比，且散發著香甜的水果香氣。而且，在以
烤箱烘烤牛肉時，還使用高麗菜葉將整塊牛肉與提味蔬
菜一同包起來，以蒸烤的狀態來烤牛肉，讓烤出來的牛
肉變得更加鮮嫩多汁。以鹽巴及黑胡椒將牛肉稍微調
味，活用食材本身的味道。另外，利用了烤牛肉的湯汁
及各樣蔬菜製作的肉汁醬，將隨烤牛肉三明治一同附
上，可依個人喜好選擇是否淋上肉汁醬享用。鳳梨含有
的蛋白質分解酵素在生鮮果物中的含量較為豐富，奇異
果、無花果或芒果等等，都可以代替鳳梨來入菜。

負責人兼主廚
平野泰三
TAIZOU HIRANO

出生於 1956 年，赴美留學時了解到水果
的魅力，因而學習了水果雕花的技術。於
東京的老店舖 Fruits Parlor 工作後獨立，
於東京都中野區開設 Fruits Parlor「Sun
Fleur」，並以水果藝術家。的身分活躍
於各方面。為 FRUIT ACADEMY® 的主
辦。

ROAST BEEF INFO

價格：1500（未稅）
牛肉：日本產牛肋眼肉
加熱方法：平底鍋加熱→烤箱
醬汁：肉汁醬

Fruits Parlor 風格的烤牛肉

烤牛肉三明治

材料（製作量）
烤牛肉
日本產牛肋眼肉……1500g
鹽巴……適量
黑胡椒……適量
沙拉油……適量
奶油……適量
鳳梨……適量
鳳梨心……適量
高麗菜的外層葉子……適量
紅蘿蔔……1/2 條
西洋芹的葉子或莖……適量
洋蔥……1/2 顆
大蒜……1/2 片

盛盤（1 盤份）
烤牛肉……8 片（厚度 3mm）
吐司（八片裝）……4 片
奶油……適量
美乃滋……適量
日本芥末醬……適量
萵苣……適量
馬鈴薯片……4 片
小黃瓜片……8 片
洋蔥片……2 片
鹽巴……適量
黑胡椒……適量
肉汁醬（P127）……適量
檸檬（切片）……適量
鳳梨（裝飾用）……適量

塑形

1

用棉繩綑綁牛肋眼肉，固定好牛肉塊的形狀。以棉線綑綁牛肉是為了在煎烤的時候，不讓牛肉的形狀改變，所以只要稍微將牛肉塊綁住即可，不必綁得太緊。在牛肉表面撒上足夠的鹽巴、黑胡椒，再用手搓抹牛肉。

煎烤表面

2

大量的沙拉油與奶油倒入平底鍋內，以大火煎烤牛肉表面。確實地煎烤牛肉，直到每個斷面都出現了烤色。

移至烤箱

3

將烤盤鋪上鋁箔紙，再鋪上高麗菜的外葉。隨意地擺上切成大塊狀的紅蘿蔔、西洋芹、洋蔥與大蒜，然後放上步驟 2 中的牛肉，並且淋上殘留在平底鍋內的肉汁。以切成大塊狀的鳳梨及鳳梨心覆蓋牛肉表面，再用高麗菜的外層葉子將牛肉包住。以 220℃ 的烤箱烘烤約 20 分鐘。

Check

利用高麗菜葉來包住牛肉，就成為了以蔬菜及水果的水分蒸烤牛肉的狀態，讓烤出來的牛肉變得軟嫩。且鳳梨含有大量的蛋白質分解酵素，具有使牛肋眼肉變軟嫩的效果。

4

剝掉高麗菜的外葉，確認牛肋眼肉的樣子。如果達到一定程度的加熱時，即可將牛肉翻面，重新覆蓋上高麗菜的外葉後，再以 220℃的烤箱烘烤約 5 分鐘。然後去除高麗菜的外葉，用烤箱烘烤約 5 分鐘，使外層的牛肉乾燥之後，用手指按壓牛肉的正中心，若覺得牛肉有彈性的話，即可直接將整盤牛肉從烤箱中取出。趁著牛肉還熱時以鋁箔紙將整塊牛肉包住，冬天放置於常溫底下、夏天則放進冰箱，讓牛肉靜置約半天的時間。

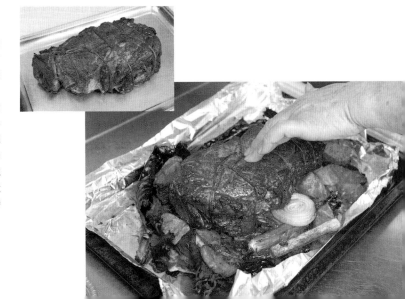

切片

5

拆除牛肋眼肉上的棉繩，以間隔約
3mm 的距離將牛肉切成薄片，若牛
肉上有筋膜，就用刀子剔除筋膜以便
食用。

完成

6

將牛肉片的兩面都輕輕地撒上鹽巴、
黑胡椒。

7

將吐司切片，並塗上奶油、日本芥末
醬、美乃滋。將萵苣鋪在吐司上面，
再鋪上牛肉片，牛肉片之間不要留有
空隙。放上馬鈴薯片、小黃瓜片、洋
蔥片之後再蓋上吐司。

8

輕輕地從上面壓住步驟 7 的三明治，切下吐司邊。將三明治切成四等分之後即可擺盤。以檸檬片、鳳梨裝飾，並附上肉汁醬。

SAUCE RECIPE

肉汁醬

材料
烤牛肉時的湯汁……適量
跟牛肉一起烘烤的蔬菜……適量
水……300ml
濃縮法式清湯粉……適量
玉米粉……適量
水……適量

作法
1 過濾烤牛肉的湯汁（a）。
2 從烘烤過的蔬菜中挑除鳳梨及燒焦的部分，然後再與步驟 1 的湯汁一起放進小鍋子裡。把水倒入鍋子裡，將湯汁煮滾。
3 趁著步驟 2 還熱著時過濾（b），把過濾後的湯汁部分倒入小鍋子裡加熱。加入濃縮法式清湯粉調味，並將玉米粉水倒進湯汁裡勾芡。

a

b

19
Fruits Parlor Sun Fleur

『烤牛舌外餡單片三明治』

> 「三明治上滿載著蔬菜，
> 以及水煮後無腥味的軟嫩牛舌」

　　使用了廣受各年齡層喜愛的牛舌，製作出這一道外表鮮豔亮麗的外餡單片三明治。耗費 3～4 小時水煮牛舌，讓牛舌吃起來的口感柔軟得有如入口即化，並將牛舌切成厚片，彰顯出牛舌肉的魅力。品嚐起來沒有牛舌的腥味，且可更換搭配的蔬菜及水果，更能輕鬆地自由組合，讓這道烤牛舌三明治將餐桌裝飾得華麗絢爛。切除牛舌未帶皮的部分之後，將滿滿的高麗菜外葉或紅蘿蔔皮等處理食材時通常會丟棄的部分，以及月桂葉當成蓋子覆蓋在牛舌上面，放進一個大鍋子之後注入冷水，以慢火細細燉煮。等到牛舌煮到變軟之後，再將牛舌切成厚片，以胡椒、鹽巴調味，並且使用沙拉油與奶油稍微煎烤牛舌表面，增添牛舌的風味。另外，燉煮牛舌的湯頭中會有來自蔬菜及牛舌的鮮味，可靈活運用於湯品或醬汁的製作。

主廚兼負責人
平野泰三
TAIZOU HIRANO

ROAST BEEF INFO

　價格：採預約制度
　牛肉：美國牛的牛舌
　加熱方法：水煮→平底鍋加熱
　調味：奶油、鹽巴、胡椒

充分發揮出柔嫩口感的外餡單片三明治

烤牛舌外餡單片三明治

材料
烤牛舌
牛舌……1 條（1～1.5kg）
高麗菜外葉……適量
紅蘿蔔皮……適量
洋蔥外皮……適量
西洋芹的葉子……適量
月桂葉……2～3 片
奶油……適量
沙拉油……適量
鹽巴……適量
胡椒……適量

盛盤（1 盤份）
烤牛舌……3 片（厚度 1cm）
法式長棍麵包……3 片
萵苣……適量
番茄（切塊）……適量
巴西里粉末……適量
紫洋蔥（切絲）……適量
小黃瓜（切絲）……適量
洋蔥（切末）……適量
番茄（切片）……適量
檸檬（切片）……適量
水果雕花……適量
橄欖……適量

汆燙

1

使用鬃毛刷等刷具來刷洗帶皮的牛舌表面，並用水清洗乾淨。牛舌尖端的部分先下水，將牛舌放入水中汆燙約 1 分鐘。當牛舌稍微縮水之後，即可從熱水中撈起。

Check
牛舌表面的皮在汆燙之後便不容易剝落。因為只需將牛舌表面加熱，所以當表面的皮變色，就要趕緊將牛舌撈出。

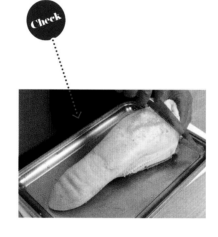

2

把菜刀的刀背垂直地抵在牛舌表面，刮除表面凹凸不平的部分。然後稍微再用熱水汆燙一次，撈出牛舌之後切除表皮堅硬的部分。

Check
若想要去除牛舌表面凹凸不平的部分，就得非常用力才能刮除。稍微水煮一下之後，就能夠比較容易刮除這些部分。顏色變成潔白的薄皮部分是可食用的部分，所以可以留下此部分的牛舌。

水煮

3

將鍋子注入水，再將步驟 2 中的牛舌、處理蔬菜時通常會丟棄的部分（高麗菜的外葉、紅蘿蔔皮、洋蔥外皮、西洋芹的葉子）、烘烤過後散發著香氣的月桂葉放進鍋子裡。把蔬菜當成鍋蓋一樣，全部蓋在牛舌上面，等到水沸騰之後轉為小火，燉煮 3～4 小時。燉煮時讓水剛好淹過所有食材，水量減少時就再補上熱水。

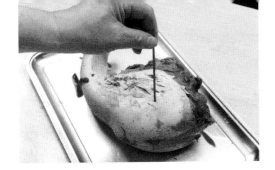

4

牛舌煮到能以竹籤刺穿的軟嫩程度時,即可從熱水中撈出牛舌。燉煮牛舌的湯汁過濾之後可運用在湯品或醬汁的製作上。

冷卻

5

把步驟 4 的牛舌放在鐵盤上,冷卻至餘溫散盡。

切片

6

以 1 片 60g 為基準,從牛舌根部的地方開始將牛舌切片。因為牛舌有厚度才會好吃,所以切片時注意要切成約 1cm 厚。而牛舌前端的部分比較硬,所以前面 5cm 的部分不使用。若在意牛舌上的皮的話,可以先將皮去除。

Check

牛舌是由根部往前變得越來越硬,所以最前面的部分會相當硬。不過,這個部分的牛舌在細細燉煮之後就會變軟,所以可以將這部分運用來製作牛舌叉燒等燉煮料理。

煎烤

7

用餐巾紙擦乾牛舌表面的水分,並將上下兩面仔細地撒上鹽巴及胡椒。平底鍋中放入足夠的沙拉油及奶油,將步驟 6 的牛舌下鍋煎烤。當牛舌煎烤到上色時即可翻面,同樣將另一面稍微煎烤。

Check

由於牛舌已經完全加熱過了,所以稍微將牛舌中間煎溫、表面煎烤到上色的程度即可。煎烤牛舌所用的油摻合了沙拉油及奶油,能使牛舌煎烤後的風味更佳,口感清爽。

完成

8

把 3 片法式長棍麵包的斷面都塗上奶油,然後分別在這 3 片麵包上面放上蔬菜及烤牛舌(①萵苣、烤牛舌、番茄丁、巴西里細末②紫洋蔥絲、烤牛舌、小黃瓜絲、洋蔥末③小黃瓜絲、番茄片、烤牛舌、檸檬片)。將三明治擺在盤子上,再以水果雕花、橄欖來裝飾。

20

Wine 酒吧 est Y

『庭院香草煙燻烤牛肉捲餅』

「醃漬加上煙燻，
增添上義式臘腸般的風味」

　　此店選擇了纖維一致、脂肪量少，且能品嚐到牛瘦肉風味的 F1 混種牛的內後腿肉部分。將牛肉浸泡於濃郁的西班牙冷湯風格的醃漬液中，再經由香草煙燻後製成烤牛肉，其特徵是能讓人品嚐到義式臘腸般的味道。

　　煙燻用的材料，是從餐廳的庭院裡採收的月桂葉及迷迭香，燃燒這兩個香料的生葉及枝枒之後，將牛肉燻上香氣。第二階段則是以 160℃的烤箱加熱牛肉，理想的加熱程度，是讓牛肉表面約 2mm 厚的肉煎烤上色，而牛肉中間則為一分熟的狀態。然後再用鋁箔紙包住牛肉，一邊靜置牛肉一邊利用餘溫慢慢加熱，以達到最理想的加熱狀態。

　　用墨西哥薄餅捲起烤牛肉與番茄或萵苣、芫荽，變成了能夠一邊喝著酒一邊享用烤牛肉的輕鬆愜意風格。再搭配上酸奶油或萊姆汁，同時增添上清淡的酸味及清爽的香氣。

主廚兼負責人

大塚雄平
YUHEI OTSUKA

曾於法國「BUEREHIESEL」（時為米其林三星餐廳）、德國三星主廚 Eckart Witzigmann 所創立於東京丸之內的餐廳「oreaji」工作，並在 2013 年於千葉的幕張本鄉開張「wine 酒吧 estY」。2015 年時於京濱開張「DONCAFE36」2 號店。

ROAST BEEF INFO

　　價格：BBQ 特別菜單（通常不會出現在菜單上）
　　牛肉：牛內後腿肉（F1 混種牛肉）
　　加熱方法：香草煙燻→平底鍋加熱
　　醬汁：西洋山葵與檸檬奶霜醬

與酒搭襯的異國風味

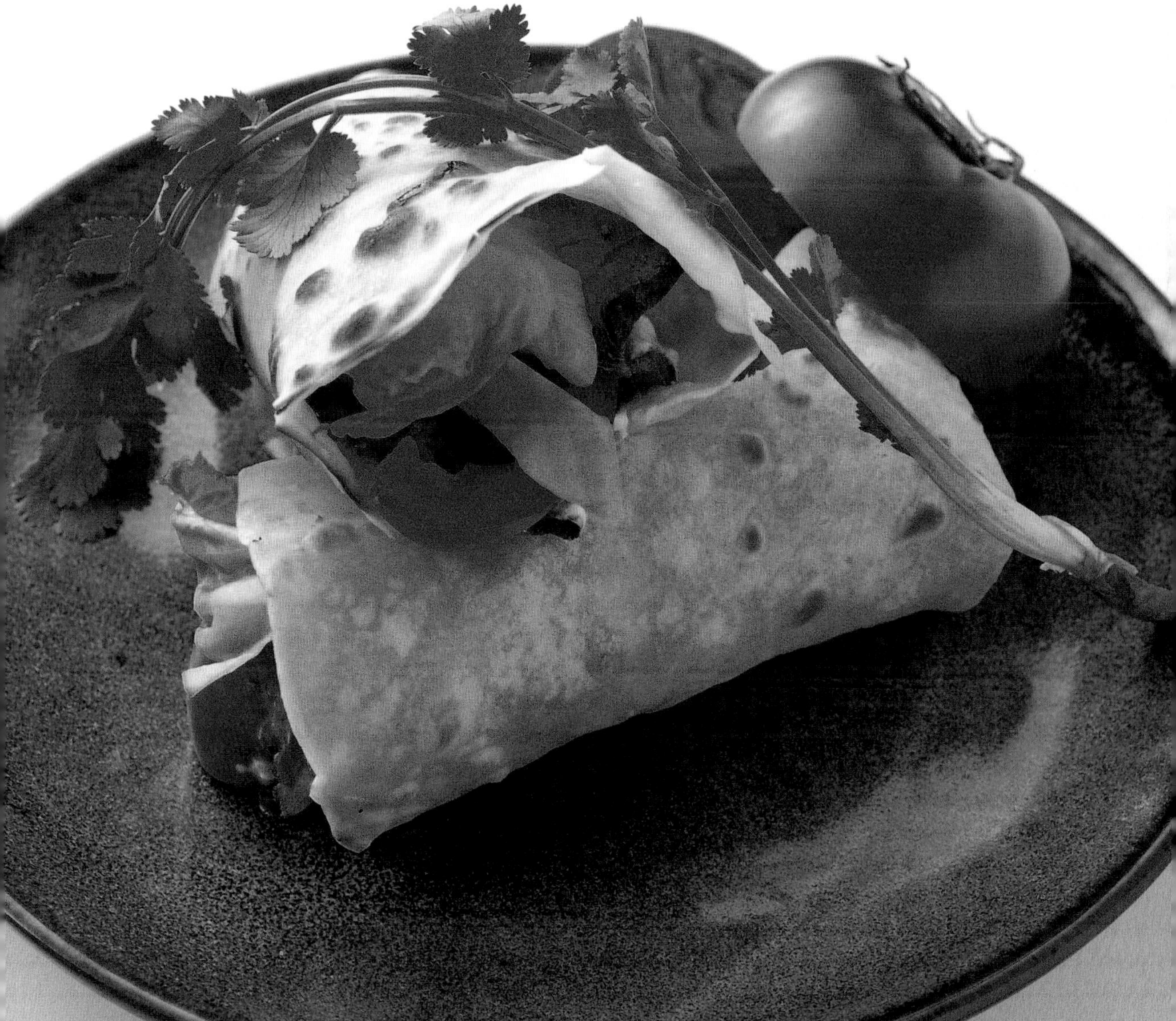

庭院香草煙燻烤牛肉捲餅

材料

烤牛肉

牛內後腿肉……400g

莎莎醬汁 ※……適量

萊姆汁與果皮……1/2 顆量

月桂葉（新鮮）……適量

迷迭香（新鮮）……適量

※ 莎莎醬汁

材料（製作量）

　青辣椒……1 條

　芫荽……2 根

　羅勒葉……8 ～ 10 片

　大蒜……1 瓣

　番茄……1 ～ 1.5 個

　鹽巴……適量

作法

1　把材料放進食物調理機攪拌，鹽巴的分量則調整
　　至接近口味較重的西班牙冷湯。

1 盤份

烤牛肉……8 片

墨西哥薄餅……2 片

西洋山葵與檸檬奶霜醬 ※……適量

萵苣……適量

番茄（切成月牙形）……4 片

芫荽……適量

萊姆汁……適量

鹽巴……適量

胡椒……適量

番茄（裝飾用）……適量

芫荽（裝飾用）……適量

※ 西洋山葵與檸檬奶霜醬

材料（製作量）

　西洋山葵……5g

　檸檬汁……1/2 顆份

　酸奶油……100g

　鹽巴……適量

　胡椒……適量

作法

1　將西洋山葵磨成泥。只是切碎並無法釋放出西洋
　　山葵辛辣的味道，因此要磨成泥。

2　把步驟 1 中的西洋山葵泥移到碗裡，再加入榨成
　　汁的檸檬及酸奶油，混合攪拌均勻。

3　以鹽巴及胡椒來調味。

※ 墨西哥薄餅

材料（製作量）

　低筋麵粉……50g

　日本太白粉……10g

　鹽巴……1 撮

　沙拉油……1 小匙

　水……65 ～ 70ml

作法

1　將材料放進碗中，混合攪拌均勻。

2　將沙拉油倒在鐵氟龍塗層的平底鍋內，倒進麵糊
　　並且讓麵糊鋪滿鍋底，以小火～中火煎餅皮。

醃漬

1

將牛肉及莎莎醬放進袋子裡，萊姆榨
汁後再與萊姆皮一起放進袋子裡。放
進冰箱冷藏醃漬一天以上。

煙燻

2

從莎莎醬中取出醃漬過的牛肉，並將牛肉放在網子上，以焚燒的木頭來燒烤。一邊燒烤一邊將新鮮月桂葉及迷迭香放進木頭燃料中，煙燻牛肉。

Check

確實地煙燻牛肉，讓香氣都附著在牛肉上，直到牛肉表面出現烤痕。

移到烤箱

3

把烤牛肉移到 160°C 的烤箱裡約 10 分鐘。取出牛肉之後再以鋁箔紙包住，靜置約 20 分鐘後再切片。

完成

4

把撕碎的萵苣、切成月牙形的番茄、剁碎的青辣椒放在墨西哥薄餅上，再撒上鹽巴及胡椒。抹上西洋山葵與檸檬奶油霜後再疊上烤牛肉片，並將芫荽放在牛肉上面，並且擠上萊姆汁。

Check

淋上萊姆汁之後，就不會發覺芫荽的菜澀味。

5

將墨西哥薄餅捲起，然後切對半。將切對半的墨西哥捲餅擺盤，並放上番茄及芫荽。

21
Az
『初夏牧場～牛肉與牡蠣～』

「以永續發展為料理的主題，
將乳牛的瘦肉部分以低溫烹調。
就連上菜的方式也都頗為用心」

為方便以手抓取也能同時享用到廣受男女老少喜愛的烤牛肉以及蔬菜，而有了將這個以春捲皮捲起烤牛肉的點子設計在派對菜單上的發想。加上了訊息性與故事性而使這道料理的存在感提升，讓這道料理成為全餐菜單中的主餐。訊息性指的是選用通常會被捨棄不用的荷蘭乳牛肉或經產牛肉，以真空包裝低溫烹調的方式，讓提供給客人享用的牛肉變得軟嫩可口。透過這樣的作法將永續發展（可持續的發展）作為料理的主題，著手於食品廢棄的問題（食品浪費）。另一方面，選用的牛肉是飲用了以碎牡蠣殼淨化過後的水所孕育而大的牛隻，並採用中式料理中以牡蠣搭配牛肉的傳統組合，所以再搭配上可食用的花草，在以牡蠣製作的醬汁中，將「在初夏牧場吃著牧草的牛」的形象吹進這道料理。由於品牌牛的牛肉幾乎沒有油花分布，所以肉質較硬，但東先生說「正因為是薄切的烤牛肉，才能將這部分的牛肉提供給客人，讓客人吃得津津有味，就成本方面而言也讓人非常動心」。有時會改變餅皮裡的蔬菜，以契合料理的主題，也有可能將蔬菜或野草揉進春捲皮裡面，讓這道烤牛肉料理有更多發展的可能。

主廚兼負責人
東 浩司（右）
KOJI AZUMA

Az 主廚
藤田 祐二（左）
YUJI FUJITA

主廚兼負責人的東先生 1980 年出生於大阪府，為開設於大阪與東京的「BEEF 東」第三代傳人。曾於維新號集團工作，後於新橋的「BEEF 東」鑽研。2011 年於一樓營業「chi-fu」、地下室營業「Az」。主廚藤田先生 1984 年出生於香川縣，自廚師學校畢業後，曾擔任甜點主廚並前往法國一年，於 GRAND HAYTT 東京店、「la campagne」（東京大手町）等餐廳修習。自「Az」開幕後即擔任該店主廚。

ROAST BEEF INFO

價格：為 6000 日圓以上的春～夏季全餐料理的主餐
牛肉：荷蘭乳牛 / 經產牛的肋眼肉
加熱方法：真空包裝＋蒸氣式烤箱（熱風模式）→平底鍋加熱
醬汁：牡蠣小牛高湯醬

用手就能抓取，外觀美麗又能輕鬆享用的一道料理

初夏牧場～牛肉與牡蠣～

材料

烤牛肉

荷蘭乳牛經產牛的肋眼肉……400g

海藻糖……1 撮

鹽巴……1 撮

沙拉油……1 大匙

醃漬液

┌ 奶油……少許

│ 大蒜（切碎）……1 瓣份

│ 紅蔥頭（切碎）……1 大匙

└ 法式清湯 ※……50ml

※ 法式清湯

┌ 材料（製作量）

│ 小牛骨……4kg

│ 牛脛肉……5kg

│ 雞高湯……2kg

│ 洋蔥……3 顆

│ 紅蘿蔔……3 條

│ 西洋芹……3 根

│ 番茄……3 顆

│ 大蒜……3 株

│ 鹽巴……40g

│ 法國香草束……適量

│ A

│ ┌ 牛瘦絞肉……3.5kg

│ │ 紅蘿蔔……2 條

│ │ 洋蔥……2 顆

│ │ 西洋芹……1 根

│ │ 韭蔥……1 根

│ │ 番茄……2 顆

│ └ 蛋白……500g

作法

1　把小牛骨、牛脛肉、雞高湯放進圓筒湯鍋，加入鹽巴之後再將水（分量外）注入鍋中，讓水覆蓋過材料，然後開大火加熱。再將洋蔥、紅蘿蔔、西洋芹、番茄、大蒜、法國香草束放進湯鍋，以小火熬煮 5～6 小時。

2　時間到了之後過濾湯汁，讓湯汁冷卻至 40℃。

3　將材料 A 放入另一個圓筒湯鍋中，並將材料攪拌均勻。

4　將步驟 2 的湯汁加到步驟 3 的湯鍋中，並且攪拌均勻，攪拌的同時以大火加熱。

5　攪拌至步驟 4 的材料都變硬並且浮起，當所有的食材都浮起來且都確實有變硬之後，就將食材撥到旁邊，空出鍋子中間的空間，撈除浮起來的雜質，再以小火燉煮 8 小時。

6　把奶油疊放在篩網上，再用篩網過濾步驟 5 的湯汁。

盛盤（1 盤份）

烤牛肉……3 片

春捲皮（北京烤鴨用的餅皮）……1 片

牡蠣與小牛高湯醬（P141）……2 小匙

乾燥豆腐皮……適量

水芹的花……1 串

高地水芹……1 枝

小茴香……少許

食用花……適量

鹽巴……少許

醃漬

1

將牛肉置於常溫底下，待牛肉回溫後再撒上鹽巴及海藻糖。以烘焙紙包住牛肉再包上保鮮膜，冷藏一個晚上。照片為放置一晚後的牛肉。

Check

海藻糖可抑制脂質酸敗及蛋白質變性，且具有保溼的效果。將海藻糖撒在肉品上，可達到保水的效果，使肉品即使加熱也不會萎縮。

牛肉則選用了被丟棄不用的荷蘭乳牛或經產牛，藉由使用通常都被丟棄、不被用來做菜的牛隻，在食品廢棄問題（食品浪費）上掀起了一陣波瀾，將「永續發展（可持續的發展）」作為此道料理的主題。

真空包裝後再以蒸氣式烤箱加熱

2

以中火加熱平底鍋，並將奶油放入鍋中。待奶油融化之後，放進大蒜及紅蔥頭拌炒，等到炒出香味之後將法式清湯倒入，然後關火。照片為完成的醃漬液。

3

將步驟 1 及步驟 2 放進塑膠袋，使用真空包裝機包裝。

Check

透過將牛肉及醃漬液真空包裝後加熱，可使醃漬液的鮮味完全滲透到牛肉裡頭。而且就算牛肉裡的肉汁滲出來，同時還能讓使用於醬汁製作的醃漬液中多了牛肉的鮮味，毫不浪費任何一點食材的鮮味。

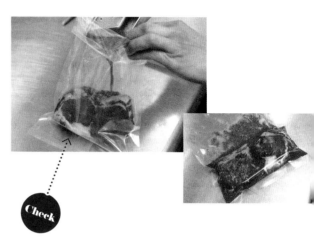

4

將步驟 3 放進蒸氣式烤箱，設定為烤箱模式、溫度 60℃、溼度 0%，加熱 40 分鐘。

Check

為了讓牛肉烘烤之後的肉質依舊軟嫩，且保留住牛肉的鮮味，因此將中心溫度設定在牛肉的最低熔點 40℃，加熱 40 分鐘。中心溫度設定為 40℃時，原本 400g 重的牛肉塊是要以 58℃加熱的，但因考量到塑膠袋以及醃漬液，所以才將加熱溫度設定為 60℃。

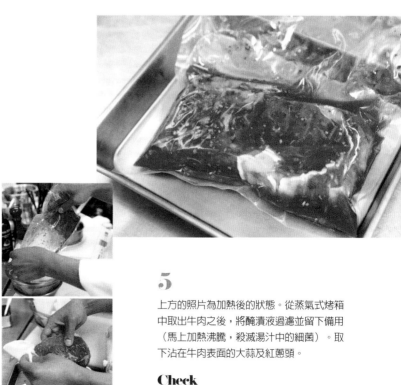

5

上方的照片為加熱後的狀態。從蒸氣式烤箱中取出牛肉之後，將醃漬液過濾並留下備用（馬上加熱沸騰，殺滅湯汁中的細菌）。取下沾在牛肉表面的大蒜及紅蔥頭。

Check

將醃漬液利用來製作醬汁。為了避免接下來煎烤時燒焦牛肉，所以要仔細地下沾在表面的大蒜及紅蔥頭。

以平底鍋加熱

6

以中火加熱平底鍋，加熱沙拉油後再煎烤步驟 5 的牛肉。當側面、上下兩面都煎烤到呈現淺褐色時，即可將牛肉起鍋。

Check

藉由煎烤牛肉表面可產生梅納反應，引誘出香氣的成分，並讓香味滲入烤牛肉。

完成

7

將牛肉切成 2 ～ 3mm 的薄片。

Check

從表面算起約 1mm 的部分為完全加熱過的茶褐色，其餘部分的肉則是玫瑰粉色，這樣的斷面是最為理想的。

8

把春捲皮鋪在盤子上，再擺上牡蠣與小牛高湯醬。使用的醬汁為配合供應烤牛肉的現做醬汁。

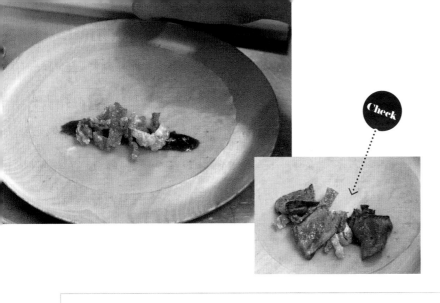

9

以高溫 180℃的油一次炸好乾燥的豆腐皮，等到豆腐皮變成淺褐色時就可以撈起來。把油炸好的豆腐皮放在烤牛肉上面，再撒上野草、食用花，最後撒上鹽巴。

Check

因為這道料理是設計捲起餅皮後以手抓著食用，所以將食材擺在靠近餅皮邊緣，會更容易捲起餅皮。

SAUCE RECIPE

牡蠣與小牛高湯醬

材料（製作量）
馬德拉酒……100ml
牡蠣……1 粒
紅蔥頭（切末）……一撮
小牛高湯 ※……2 大匙
用來醃漬牛肉的汁液
　　（參照 P139 的步驟 5）……全部

※ 小牛高湯

材料
小牛骨……3kg
小牛脛肉……5kg
紅蘿蔔……3 條
洋蔥……3 顆
西洋芹……3 根
大蒜……3 株
番茄……3 顆
番茄醬……200g
法國香草束……適量

作法
1　將小牛的牛骨及牛脛肉放進 200℃的烤箱中，烘烤至飄出香味。
2　將紅蘿蔔、洋蔥、西洋芹、大蒜切成 3cm 的塊狀，再以中火慢慢地爆炒加熱。
3　將步驟 1 及步驟 2 都放進圓筒湯鍋中，再放入番茄、番茄醬、法國香草束，並且注入水（分量外），讓水位稍微高於食材，以小火烹煮 8～9 個小時。
4　使用篩網過濾之後冷藏保存。

a　　　　b　　　　c　　　　d

e　　　　f　　　　g　　　　h

作法
1　把牡蠣剝殼，並將紅蔥頭切成末。
2　將馬德拉酒、紅蔥頭、牡蠣連同湯汁都放進小鍋子裡，以大火加熱，讓酒精揮發（a）。
3　沸騰之後轉為中火，燉煮到鍋底只剩一些湯汁（b）。
4　熄火之後倒入小牛高湯，然後再開中火加熱（c）。待小牛高湯都煮到入味之後，再使用 BAMIX 手持攪拌棒將牡蠣攪拌成泥狀（d）。繼續燉煮，直到湯汁變成濃稠狀（e）。（f）為煮好的醬。
5　將烤牛肉步驟 5 中過濾好的醃漬液煮沸殺菌，然後全部倒進步驟 4 的醬汁中，混合攪拌之後完成（g、h）。

味道千變萬化！
烤牛肉醬汁

渡邊健善（『Les Sens』負責人兼主廚）

冷 ＝適合冷製烤牛肉、烤牛肉三明治、烤牛肉沙拉的醬汁

溫 ＝溫適合溫製烤牛肉、烤牛肉蓋飯的醬汁

冷 溫 ＝冷、溫製烤牛肉皆適合的醬汁

令人回味無窮的美乃滋風格

冷 蒜泥蛋黃醬

材料（製作量）

蛋黃……1 顆	洋蔥（切碎）……15g
芥末醬……20g	醃漬鯷魚（切碎）……2 條
白酒醋……30ml	番茄醬……1 小匙
Pure 橄欖油……20ml	檸檬汁……少許
雞肉蔬菜清湯……30ml	鹽巴……少許
番紅花……少許	卡宴辣椒粉……少許
水煮蛋（切碎）……2 顆	
大蒜（切碎）……1 瓣	

作法

1. 將番紅花加進雞肉蔬菜青湯，煮沸之後放置冷卻。
2. 將蛋黃、芥末醬、白酒醋攪拌均勻。
3. 一邊將沙拉油緩緩加入步驟 2，一邊以打奶泡器將材料混合，使之乳化。
4. 將變色後的步驟 1 加入步驟 3，並且混合均勻。
5. 混合切碎的大蒜、洋蔥、醃漬鯷魚與番茄醬。
6. 加入檸檬汁、鹽巴、卡宴辣椒粉調味。

清新爽口的沙拉風味

冷 小黃瓜沙拉醬

材料（製作量）
小黃瓜（切碎）……50g
鮮奶油（35%）……50ml
薄荷葉……3 片
檸檬汁…少許
鹽巴…少許
胡椒……少許

作法
1　混合鮮奶油、切碎的小黃瓜、薄荷葉。
2　加入檸檬汁，再以鹽巴、胡椒調味。
　　香氣撲鼻且味道濃郁

香氣撲鼻且味道濃郁

冷 溫 普羅旺斯橄欖醬

材料（製作量）
鮪魚罐頭……100g
水煮蛋……1 顆
黑橄欖……130g
鯷魚（醃漬）……2 條
頂級初榨冷壓橄欖油……60ml

作法
1　濾掉鮪魚罐頭的油脂，並使用 Robot-
　　Coupe 食物調理機攪拌鮪魚、水煮蛋、黑
　　橄欖、鯷魚。
2　加入頂級初榨冷壓橄欖油混合。

海藻與醃黃瓜的組合

冷 法式酸辣醬

材料（製作量）
洋蔥（切碎）……60g
白酒醋……60ml
頂級初榨冷壓橄欖油……90ml
沙拉油……90ml
酸豆（切碎）……30g
龍蒿（切碎）……2 片
巴西利（切碎）……少許
醃黃瓜（切碎）……少許
綜合海藻……適量

作法
1　使用鹽巴搓揉洋蔥，讓洋蔥出水。
2　混合白酒醋、頂級初榨冷壓橄欖油與沙拉
　　油，做成油醋醬。
3　把洋蔥、酸豆、龍蒿、巴西利、醃黃瓜放入
　　步驟 2 中混合之後，再放上切碎的海藻。

濃厚的經典風味

溫 可可醬

材料（製作量）

可可粉……10g
巴沙米可醋……30ml
紅酒……80ml
蜂蜜……20g
小牛高湯……150ml
奶油……少許
鹽巴……少許
胡椒……少許

作法

1. 把奶油放進鍋子，並放入可可粉拌炒。
2. 加入巴沙米可醋、紅酒及蜂蜜熬煮。
3. 煮好之後加入小牛高湯，加熱到稍微沸騰。
4. 將已在室溫下回溫的奶油分次慢慢加進湯汁中。
5. 以鹽巴及胡椒調味。

新鮮的番茄鮮味

冷 溫 昂蒂布醬汁

材料（製作量）

番茄（打成泥）……200g
白酒……100ml
紅酒醋……25ml
頂級初榨冷壓橄欖油……25ml
羅勒葉（切碎）……1 片
巴西利（切碎）……少許
鹽巴……少許
胡椒……少許
小番茄（切成四等分）……2 顆
黑橄欖（切片）……2～3 粒

作法

1. 剔除番茄籽之後弄碎番茄，形成番茄泥。
2. 把白酒倒入鍋子裡，加熱到酒精揮發並剩一半之量之後，再將步驟 1 中的番茄泥放進來。
3. 冷卻之後混合頂級初榨冷壓橄欖油，再加上羅勒葉、巴西利。
4. 以鹽巴及胡椒調味，並加上小番茄及黑橄欖。

曚曨的甜味與鹹味

冷 溫 古崗左拉藍紋乳酪醬

材料（製作量）

牛奶……50ml
鮮奶油……70ml
古崗左拉藍紋乳酪……40g

作法

1. 把牛奶及鮮奶油倒進鍋子裡，加熱至沸騰後熄火。
2. 加上古崗左拉藍紋乳酪，讓乳酪融化並攪拌均勻。
3. 乳酪融化後即可關火，冷卻之後再放進製作 ESPUMA 的機器。（若無此機器，則以打蛋器攪拌。）

冷 溫 墨西哥辣肉醬

材料（製作量）
鷹嘴豆……100g
紅腰豆（水煮）……適量
豬絞肉（切細）……100g
洋蔥（切碎）……1/2 顆
大蒜（切碎）2 瓣
水煮整顆剝皮番茄罐……300g
月桂葉……1 片
辣椒粉……少許
奧勒岡葉……少許
孜然……少許
法式高湯……120ml
鹽巴……少許
胡椒……少許

作法
1　拌炒豬絞肉、洋蔥、大蒜。
2　加上番茄、月桂葉、辣椒粉、奧勒岡葉、孜然後燉煮。
3　加上法式高湯，再以鹽巴及胡椒調味。
4　將鷹嘴豆及紅腰豆放進醬汁，煮到稍微沸騰。

享受得到豆子的口感

清爽酸味＆辛辣帶勁的奶霜

冷 酪梨醬

材料（製作量）
酪梨……250g
檸檬汁……55g
法式高湯……200ml
墨西哥辣椒……10g

作法
1　將所有材料放進食物調理機內攪拌。
2　結凍之後再以 PACO JET 的粉粹結凍食物調理機攪拌。

法國巴斯克當地的味道

冷 溫 巴斯克醬

材料（製作量）
整顆水煮剝皮番茄罐……200g
洋蔥（切碎）……80g
紅甜椒（切碎）……70g
黃甜椒（切碎）……70g
大蒜（切碎）……2 瓣
鹽巴……少許
胡椒……少許

作法
1　把整顆水煮剝皮番茄弄碎。
2　拌炒洋蔥，同樣將紅黃甜椒放進來，然後再加上大蒜一起炒。
3　加上番茄糊之後，煮到稍微沸騰。
4　再以鹽巴及胡椒調味。

冷 溫 羅宋湯醬

濃縮了甜菜的香氣與甜味

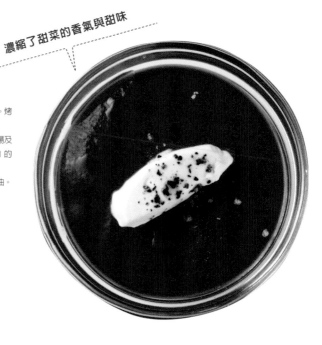

材料（製作量）
甜菜……150g
洋蔥（切片）……50g
馬鈴薯（切片）……50g
雞高湯……150ml
整顆水煮剝皮番茄罐（搗碎）
……100g
酸奶油……少許
橄欖油……少許
鹽巴……少許
胡椒……少許

作法
1 用鋁箔紙包住甜菜之後，放進烤箱烘烤。烤好之後剝掉甜菜的皮。
2 以橄欖油拌炒洋蔥及馬鈴薯，加上雞高湯及番茄後燉煮約五分鐘，然後再將步驟 1 的甜菜放進來，煮好之後以篩網過濾。
3 最後以鹽巴及胡椒調味，並且放上酸奶油。

牡蠣的風味與牛肉極為搭襯

冷 牡蠣醬

材料（製作量）
牡蠣……100g
白酒……適量
煮牡蠣的水……150ml
洋蔥（切碎）……1/2 顆
鮮奶油（35%）……150ml
橄欖油……適量

作法
1 以白酒蒸煮牡蠣，煮出來的湯汁要留下來使用。
2 以橄欖油稍微拌炒洋蔥，不使洋蔥變色。
3 將蒸煮後的牡蠣、湯汁放進步驟 2 中，煮到稍微沸騰。
4 加上鮮奶油攪拌混合，然後將火關掉。
5 以食物調理機攪拌之後再以篩網過濾。
6 放進 EAPUMA 製作機器中。

朦朧的酸甜滋味帶著辛香的香氣

冷 溫 美國紅櫻桃醬

材料（製作量）
美國紅櫻桃……200g
紅酒醋……50ml
波特酒……200ml
丁香……3 粒
八角……1 粒
砂糖……30g
洋菜……4g

作法
1 將美國紅櫻桃去籽並且切對半。
2 將紅酒醋、波特酒、丁香、八角及砂糖放進鍋子裡加熱，沸騰之後即可熄火。
3 將櫻桃浸漬一晚。
4 過濾浸漬的湯汁。將過濾後的湯汁放進鍋子裡加熱，並放入洋菜使湯汁變濃稠。
5 再將櫻桃倒回湯汁中。

入口即化的凍狀醬汁

冷 溫 法式肥肝醬

材料（製作量）
肥肝……1kg
鹽巴……8g
砂糖……6g
白胡椒……2g
波特酒……適量
鮮奶油……適量

作法
1　製作肥肝凍派。將肥肝加上波特酒、鹽巴、砂糖及胡椒，並且放進方形的凍派模型中醃漬半天。
2　將醃漬過後的肥肝凍派移到耐熱的容器中，以 100℃的烤箱隔水加熱 25 ～ 30 分鐘。冷卻之後再過濾。
3　加上與肥肝凍派相同分量的鮮奶油並且攪拌混合，結凍之後再以 PACO JET 的粉粹結凍食物調理機攪拌。

與肉汁結合之後，魅力升等

冷 溫 綠莎莎醬

材料（製作量）
巴西利……200g
麵包粉……30g
頂級初榨冷壓橄欖油……50ml
水煮蛋的蛋黃……1 顆
鯷魚（醃漬）……2 條
白酒醋……80ml
白酒……100ml
大蒜……1 瓣
鹽巴……適量
胡椒……適量

作法
1　將白酒煮沸至酒精揮發，並且放置冷卻。
2　將其餘的材料與步驟 1 放進 Robot-Coupe 食物調理機裡攪拌。

『LES SENS』負責人兼主廚
渡邊健善
TAKEYOSHI WATANABE

1963 年出生於神奈川縣，18 歲進入料理的世界。在國內修業的期間內，曾於 1989 年前往法國，並於「Amphyclès」（巴黎米其林二星級餐廳）、「Michel Trama」（波爾多米其林三星級餐廳）、「Jacque Maximan」（尼斯米其林二星級餐廳）、「Jardin des Sens」（蒙佩利爾米其林三星級餐廳）、「Jacques Chibois」（坎城米其林二星級餐廳）修業，1998 年於神奈川縣橫濱市青葉區開張法國料理餐廳『LES SENS』。

介紹 P20 ～ 147 中記載之

受訪餐廳

Az

地址 / 大阪府大阪市北区西天満 4-4-8-B1F
電話 / 06-6940-0617
營業時間 / 17：30 ～ 22：00（最後點餐時間）
公休日 / 星期日

白天為老店鋪「BEEF 東」供應肉粽及米粉，晚上則化身為中式小餐館「Az」提供配酒的中式料理及法式料理。主要的點餐模式為 A La Carte 自選組合套餐，同時亦提供 4000 日圓以上的套餐。因作為餐廳，所以使用了雙間店面，亦能於此舉行派對等。

→ P136

FRENCH BAR RESTAURANT **ANTIQUE**

地址 / 兵庫県神戸市中央区中山手通 1-2-6　飛鳥ビル 1F
電話 / 078-333-2585
營業時間 / 18：00 ～ 04：00（最後點餐時間 03：00）
公休日 / 星期一（遇國定假日時則推延至隔天）

座落於神戶市繁華街道的小巷子裡的法國餐酒館，營業時間至首班車發車時。能夠點杯酒加上一道餐點，也能夠來份套餐，二樓的包廂更可舉辦派對，隨心自在地使用，是這一間餐酒館的魅力所在。套餐為 4000 日圓起，西班牙風味的塔帕斯為 380 日圓起。

→ P84

WINE 酒吧　est Y

地址 / 千葉県千葉市花見川区幕張本郷 2 丁目 8-9
電話 / 043-301-2127
營業時間 / 15：00 ～ 24：00
公休日 / 不定休

老闆每個月都會去釣魚，舉行烹煮魚肉的聚會，有時也會舉辦 BBQ，讓來店的客人都能夠盡情飲酒。契作農戶直送的當季珍貴蔬菜也大受歡迎。

→ P132

BRASSERIE AUXAMIS marunouchi

地址 / 東京都千代田区丸の内 3-3-1 新東京ビル 1F
電話 / 03-6212-1566
營業時間 / 11：30 ～ 24：00（最後點餐時間 22：00）
〔星期天、國定假日〕11：30 ～ 23：00
（最後點餐時間 21：30）
公休日 / 無休
https://auxamis.com/brasserie

座落於丸之内的商業街上，重現佇立於巴黎街角的 Brasserie 小餐館的氛圍。追求能讓法國人傾心的正宗法國料理，以及陳列出琳瑯滿目的酒類，讓店内一整天都充滿生氣。

→ P62

CARNEYA SANOMAN'S

地址 / 東京都港区西麻布 3-17-25　KHK 西麻布ビル
電話 / 03-6447-4829
營業時間 / 11：30 ～ 15：00（最後點餐時間 14：00）
※ 星期一中午不營業，18：00 ～ 23：00（最後點餐時間 21：30）。〔星期天〕11：30 ～ 15：00（最後點餐時間 14：00），17：30 ～ 22：30（最後點餐時間 21：00）
公休日 / 星期天、星期一中午
http://carneya-sanomans.com/

「CARNEYA」的高山主廚與熟成肉的先驅「さの萬」肉品加工公司攜手合作，讓這間餐廳在肉料理愛好者之間大受好評，受到廣大的歡迎。提供肉品相關的豐富知識，並且按照牛肉的特性以精湛的技術進行烹調，供應高山主廚的獨門「義式肉品料理」。

→ P42

CUL-DE-SAC

地址 / 東京都中央区日本橋本石町 4-4-16
電話 / 03-6214-3630
營業時間 / 11：30 ～ 14：00（最後點餐時間 13：30）、
17：30 ～ 23：30（最後點餐時間 22：00）
公休日 / 星期六、日、國定假日

以「盡情吃著，大口飲著」的概念，在鄰近上班族間有著高人氣的餐酒館。讓客人在輕鬆愉悅的氛圍之中，以親民的價格享受以嚴選素材製作的餐點。晚餐的套餐價格為 2484 日圓（含稅）起。

→ P.74

貪吃鬼山中

地址 / 京都府京都市西京区御陵溝浦町 26-26
電話 / 075-392-3745
營業時間 / 11：30 ～ 14：00（最後點餐時間 13：30）、
17：00 ～ 21：00（最後點餐時間 20：30）
公休日 / 星期二、每月第三個星期一（遇國定假日時照常營業）
http://www.ac.auone-net.jp/~yamanaka/

為創立於 1976 年的牛排館。以「只提供真正的食物」為宗旨，使用了分佈著自然油花的未經產近江牛、嚴選的魚類等食材，堅守著 40 多年來曾未改變的味道。午餐價格為 1800 日圓起，牛排套餐為 8000 日圓起。

→ P.20

TRATTORIA GRAN BOCCA

地址 / 東京都千代田区富士見 2-10-2　飯田橋グランブルーム サ
クラテラス 2F
電話 / 03-6272-9670
營業時間 / 11：30 ～ 14：30（最後點餐時間）※ 星期六日、國定假日營業至 15：00（最後點餐時間），17：30 ～ 22：30（最後點餐時間）
公休日 / 無休
http://www.gran-bocca.com

TRATTORIA 於 2014 年 10 月開幕。店家購入整頭 A5 等級和牛製成了牛排等料理，肉類料理品質上等且分量豪邁而大獲好評，以「義式風格的熟成肉料理」之名躍升為人氣餐廳。從露臺眺望著櫻花，也是這間餐廳的魅力。

→ P.50

拳拉麵

地址 / 京都府京都市下京区朱雀正会町 1-16
電話 / 075-651-3608
營業時間 / 11：30 ～ 14：00，18：00 ～ 22：00
公休日 / 星期三（有時會中午營業，僅販售限定拉麵）

於 2011 年搬遷至現今的店面，此店家的鹽味拉麵使用了魚頭及丹波黑地雞所製成的雙重湯頭，是這間拉麵店的招牌拉麵。2015 年起則是以鹿骨、熟成牛骨及魚頭熬製的醬油拉麵為主打料理。有著「驚喜」的限定拉麵也頗受好評。

→ P.118

Fruits Parlor Sun Fleur

地址 / 東京都中野区鷺宮 3-1-16
電話 / 03-3337-0351
營業時間 / 09：30 ～ 18：00
公休日 / 不定休
http://fruitacademy.jp

身為水果藝術家，且為水果雕刻學校「FRUIT ACADEMY」代表的平野泰三先生所開設的 Fruits Parlor Sun Fleur。

→ P.122

Restaurant C'EST BIEN

地址 / 東京都豊島区南長崎 5-16-8　平和ビル 1F
電話 / 03-3950-3792
營業時間 / 11：30 ～ 15：00（最後點餐時間 14：00）、18：00 ～ 23：00（最後點餐時間 21：00）
公休日 / 星期一（遇國定假日時照常營業，翌日公休）
http://restaurant-cestbien.com

此店歷經父子二代，在此能夠品嚐到傳統的西式料理，以及了解到法國料理的學問，不僅當地人樂愛到此，也有許多遠道而來的粉絲。

→ P.36

Bar CIELO

地址 / 東京都世田谷区太子堂 4-5-23-2F、3F
電話 / 03-3413-7729
營業時間 / 二樓：18：00 ～ 03：00、三樓：20：00 ～ 05：00
公休日 / 不定休
http://bar-cielo.com/

二樓為義大利餐酒館，三樓為正統的酒吧，可在此品嚐到 300 種以上的威士忌及季節調酒，也收藏了豐富且珍貴的利口酒。

→ P80

BAR TRATTORIA TOMTOM 東向島店

地址 / 東京都墨田区東向島 5-3-7 2F
電話 / 03-3610-0430
營業時間 / 11：00 ～ 15：30（最後點餐時間）、17：30 ～ 24：00（料理最後點餐時間 23：00），〔星期六日、國定假日〕11：00 ～ 24：00（午餐菜單最後點餐時間 14：30、料理最後點餐時間 23：00）
公休日 / 星期三
http://r-tomtom.com/

Sekiguchi Co.,Ltd 以墨田區為主要市場，開了總計六間的義式餐廳與烘焙坊，此店即為 Sekiguchi 的本店。2014年，此店從以套餐為主體的餐廳，轉型為以小盤料理及窯烤披薩為主打的休閒風格。自創業起已過了約 50 個年頭，仍持續受到當地人的愛戴。

→ P112

DON CAFE＊36

地址 / 千葉県千葉市花見川区幕張町 5-447-8
電話 / 043-216-2009
營業時間 / 09：00 ～ 19：00
公休日 / 不定休

此間咖啡館的菜單上有豐富的個性蓋飯，如泰式打拋肉、糯米粉炸雞、蔬菜蓋飯、魩仔魚蓋飯。手工製義大利麵也頗受歡迎，菜單上許多種類的蓋飯皆可外帶。在千葉市的幕張本鄉 2 丁目有姊妹店「WINE 酒吧 estY」。

→ P94

DON YAMADA

地址 / 神奈川県鎌倉市雪ノ下 1-9-29　シャングリラ鶴岡 1F
電話 / 0467-22-7917
營業時間 / 11：00 ～ 19：00
公休日 / 星期二

義式料理巨匠——山田宏巳主廚在 2016 年 1 月開張的牛排蓋飯與烤牛肉蓋飯專賣店。隨餐附上有滿滿的鎌倉蔬菜的義式蔬菜湯，也是這間餐廳的特徵。亦提供使用山田主廚親自運載的日光天然冰塊製成的刨冰。

→ P106

那須高原的餐桌 NASU 之屋

地址 / 東京都中央区銀座 2-7-18　メルサ Ginza-2 4 階
電話 / 03-6263-0613
營業時間 / 11：00 ～ 14：00、17：00 ～ 22：00
公休日 / 依メルサ Ginza-2 公休日

提供那須高原的特產蔬菜、那須和牛等等，以使用自然豐富的那須高原的食材製作美味料理為餐廳的概念，於 2016 年 2 月開幕。

→ P90

尾崎牛燒肉 銀座 HIMUKA

地址 / 東京都中央区銀座 5-2-1　東急プラザ銀座 11F
電話 / 03-6264-5255
營業時間 / 11：00 ～ 23：00（最後點餐時間 22：30）
公休日 / 不定休（依東急プラザ銀座公休日）
http://ginza.tokyu-plaza.com/shop/detail_548.html

每月出產數量僅有 30 頭的夢幻「尾崎牛」因長期育肥的緣故，以生肉直接熟成之後，依舊是油脂美味的上品肉質。此餐廳為尾崎牛的燒肉店，午餐牛肉蓋飯為 2500 日圓起，晚餐時段的套餐為 8000 日圓起，提供 A La Carte 自選組合套餐。

→ P26

義式餐酒館 HYGEIA

赤坂店（照片）
地址 / 東京港都区赤坂 3-12-3　センチュリオンホテル　レジデンシャル赤坂 1F
電話 / 03-6277-6931
營業時間 / 11：30 ～ 14：30、17：00 ～ 23：30
公休日 / 星期六日、國定假日

高田馬場店
地址 / 東京都新宿区高田馬場 4-14-6　第一長谷川大廈 1F
電話 / 03-5937-4030
營業時間 / 11：30 ～ 14：30、17：00 ～ 24：00
公休日 / 不定休

輕鬆愜意的義式餐酒館，午餐時段以 buffet 與外帶的形式提供烤牛舌咖哩與烤牛肉蓋飯。晚上則是享受著啤酒、葡萄酒與下酒菜。在高田馬場有一間姊妹店，在滿月之夜舉辦以吉他、小提琴、長笛所帶來的「Full moon live」也大獲好評。

→ P102

La Rochelle 山王

地址 / 東京都千代田区永田町 2-10-3　東急キャビトルタワー 1 階
電話 / 03-3500-1031
營業時間 / 11：30 ～ 15：00（最後點餐時間 14：00）、17：00 ～ 23：00（最後點餐時間 21：30）
公休日 / 星期一、每月第一個星期二
http://la-rochelle.co.jp

此餐廳為以法式料理鐵人之稱聞名的坂井宏行先生所有。餐廳位於飯店裡頭，提供最幸福的味道，讓這幸福成為記憶，以及提供至高無上的招待。

→ P30

洋食 Revo

地址 / 大阪府大阪市北区大深町 4-20　グランフロント大阪南館 7F
電話 / 06-6359-3729
營業時間 / 11：00 ～ 15：00、17：00 ～ 23：00
公休日 / 依グランフロント大阪的公休日

創業後邁入第 18 個年頭的人氣餐廳。餐廳的主廚在約八年前遇見了黑毛和牛，開拓了黑毛和牛的採購路線，現在也經營起精選肉品店、肉品熟食店鋪。利用規模經濟的原理，將所有的肉品毫不保留地出售，將上等品質的肉品以相符的價格提供給客人。

→ P68

LES SENS

地址 / 神奈川県横浜市青葉区新石川 2-13-18
電話 / 045-903-0800
營業時間 / 午餐時段 11：00 ～ 14：30，下午茶時段 14：30 ～ 16：30，晚餐時段 17：30 ～ 21：00
公休日 / 星期一
http://les-sens.com

以香氣、視覺及所有感官，來享受正宗的米其林三星級餐廳的味道。在食材方面，當然是講究地使用了產地直送的素材，使用了新食材製作出的嶄新料理也都大受歡迎。

→ P142

烤牛肉之店　渡邊

地址 / 京都府京都市中京区油小路御池下ル式阿弥町 137 三洋御池ビル 1F
電話 / 075-211-8885
營業時間 / 12：00 ～ 14：00（最後點餐時間）、18：00 ～ 22：00（最後點餐時間）
公休日 / 星期一、星期二（不定休）
http://watanabe-beef.blogspot.jp/

含前菜、烤牛肉、咖啡、甜點的套餐僅需 5000 日圓。可自由選擇的前菜中包含小牛胸腺、加工肉品等等的主菜等級的料理。一人份的烤牛肉為 150g，以杯計價的酒類為 600 日圓起。兩人以上需預約。

→ P56

TITLE

名廚烤牛肉 極致技術&菜單

STAFF

出版	瑞昇文化事業股份有限公司
編著	旭屋出版編輯部
譯者	胡毓華
監譯	高詹燦

總編輯	郭湘齡
責任編輯	黃美玉
文字編輯	徐承義　蔣詩綺
美術編輯	謝彥如　孫慧琪
排版	曾兆珩
製版	明宏彩色照相股份有限公司
印刷	皇甫彩藝印刷股份有限公司

法律顧問	經兆國際法律事務所　黃沛聲律師

戶名	瑞昇文化事業股份有限公司
劃撥帳號	19598343
地址	新北市中和區景平路464巷2弄1-4號
電話	(02)2945-3191
傳真	(02)2945-3190
網址	www.rising-books.com.tw
Mail	deepblue@rising-books.com.tw

本版日期	2018年2月
定價	480元

國家圖書館出版品預行編目資料

名廚烤牛肉：極致技術&菜單 / 旭屋出
版編輯部編著；胡毓華譯. -- 初版. -- 新
北市：瑞昇文化, 2017.11
152面；19 x 25.7公分
ISBN 978-986-401-203-9(平裝)

1.肉類食譜

427.212　　　　　　　106017181

ROAST BEEF NINKITEN NO CHOURI GIJUTSU TO MENU
© ASAHIYA SHUPPAN CO.,LTD. 2016
Originally published in Japan in 2016 by ASAHIYA SHUPPAN CO.,LTD..
Chinese translation rights arranged through DAIKOUSHA INC.,KAWAGOE.